"十四五"职业教育国家规划教材

（中等职业学校公共基础课程教材）

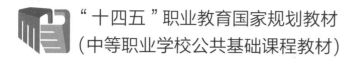

U0394006

信 息 技 术

（拓展模块）

——网络搭建与信息安全

总主编：罗光春　胡钦太

主　编：郭　斌　程弋可　曹　晟

副主编：胡　燏　刘清太

参　编：田　钧　任　超　郭　爽

北京理工大学出版社

BEIJING INSTITUTE OF TECHNOLOGY PRESS

内 容 简 介

本教材依据《中等职业学校信息技术课程标准（2020 年版）》研发，作为信息技术基础模块的拓展与加深。本书主要内容包含小型网络系统搭建、信息安全保护 2 个专题，教材内容选取包含信息技术最新研究成果及发展趋势的内容，开阔学生眼界，激发学生好奇心；选择生产、生活中具有典型性的应用案例，以及与应用场景相关联的业务知识内容，帮助学生更全面地了解信息技术应用的真实情境，引导学生在实践体验过程中，积累知识技能、提升综合应用能力；内容体现信息技术课程与其他公共基础课程、专业课程的关联，引导学生将信息技术课程与其他课程所学的知识技能融合运用。

本书适合中等职业学校学生作为公共基础课教材使用。

图书在版编目（CIP）数据

信息技术 : 拓展模块 . 网络搭建与信息安全 / 郭斌，

程弋可，曹晟主编 . -- 北京 : 北京理工大学出版社，

2022.8

ISBN 978-7-5763-1264-5

Ⅰ . ①信… Ⅱ . ①郭… ②程… ③曹… Ⅲ . ①电子计

算机 - 中等专业学校 - 教材 Ⅳ . ①TP3

中国版本图书馆 CIP 数据核字（2022）第 072207 号

出版发行 / 北京理工大学出版社有限责任公司
社　　　址 / 北京市海淀区中关村南大街 5 号
邮　　　编 / 100081
电　　　话 /（010）68914775（总编室）
　　　　　　（010）82562903（教材售后服务热线）
　　　　　　（010）68944723（其他图书服务热线）
网　　　址 / http://www.bitpress.com.cn
经　　　销 / 全国各地新华书店
印　　　刷 / 定州启航印刷有限公司
开　　　本 / 889 毫米 ×1194 毫米　1/16
印　　　张 / 7.5　　　　　　　　　　　　　　　　责任编辑 / 张荣君
字　　　数 / 145 千字　　　　　　　　　　　　　　文案编辑 / 张荣君
版　　　次 / 2022 年 8 月第 1 版　2022 年 8 月第 1 次印刷　　责任校对 / 周瑞红
定　　　价 / 17.30 元　　　　　　　　　　　　　　责任印制 / 边心超

"十四五"职业教育国家规划教材
（中等职业学校公共基础课程教材）
出版说明

为贯彻新修订的《中华人民共和国职业教育法》，落实《全国大中小学教材建设规划（2019—2022 年）》《职业院校教材管理办法》《中等职业学校公共基础课程方案》等要求，加强中等职业学校公共基础课程教材建设，在国家教材委员会统筹领导下，教育部职业教育与成人教育司统一规划，指导教育部职业教育发展中心具体组织实施，遴选建设了数学、英语、信息技术、体育与健康、艺术、物理、化学等七科公共基础课程教材，并于 2022 年组织按有关新要求对教材进行了审核，提供给全国中等职业学校选用。

新教材根据教育部发布的中等职业学校公共基础课程标准和有关新要求编写，全面落实立德树人根本任务，突显职业教育类型特征，遵循技术技能人才成长规律和学生身心发展规律，围绕核心素养培育，在教材结构、教材内容、教学方法、呈现形式、配套资源等方面进行了有益探索，旨在打牢中等职业学校学生科学文化基础，提升学生综合素质和终身学习能力，提高技术技能人才培养质量。

各地要指导区域内中等职业学校开齐开足开好公共基础课程，认真贯彻实施《职业院校教材管理办法》，确保选用本次审核通过的国家规划新教材。如使用过程中发现问题请及时反馈给出版单位和我司，以便不断完善和提高教材质量。

教育部职业教育与成人教育司

2022 年 8 月

习近平总书记指出，没有信息化就没有现代化。信息化为中华民族带来了千载难逢的机遇，必须敏锐抓住信息化发展的历史机遇。提升国民信息素养，对于加快建设制造强国、网络强国、数字中国，以信息化驱动现代化，增强个体在信息社会的适应力与创造力，提升全社会的信息化发展水平，推动个人、社会和国家发展具有重大的意义。

为更好地实施中等职业学校信息技术公共基础课程教学，教育部组织制定了《中等职业学校信息技术课程标准（2020 年版）》（以下简称《课标》）。《课标》对中职学校信息技术课程的任务、目标、结构和内容等提出了要求，其中明确指出，信息技术课程是各专业学生必修的公共基础课程。学生通过对信息技术基础知识与技能的学习，有助于增强信息意识、发展计算思维、提高数字化学习与创新能力、树立正确的信息社会价值观和责任感，培养符合时代要求的信息素养与适应职业发展需要的信息能力。

本套教材作为信息技术基础模块的拓展与加深，也作为学生的主要学习材料，严格按照教育部《课标》的要求编写，拓展模块包含 10 个专题，分别是实用图册制作、演示文稿制作、数据报表编制、数字媒体创意、三维数字模型绘制、个人网店开设、计算机与移动终端维护、机器人操作、小型网络系统搭建、信息安全保护。

本教材的编写遵循中职学生的学习规律和认知特点，结合职场需求和专业需要，以项目任务的方式，让学生在真实的活动情境中开展项目实践，发现和解决具体问题，形成活动作品，培养学生的数字化学习能力和利用信息技术解决实际问题的能力。全套教材体现出以下特点。

（1）注重课程思政的有机融合。深入挖掘学科思政元素和育人价值，把职业精神、工匠精神、劳模精神和创新创业、生态文明、乡村振兴等元素有机融合，达到课程思政与技能学习相辅相成的效果；紧密围绕学科核心素养、职业核心能力，促进中职学生的认知能力、合作能力、创新能力和职业能力的提升。

（2）内容结构体现职业教育类型特征。教材每个专题下分若干项目，每个项目基本为一个完整的实践案例，使得项目与项目之间为平行结构，教师可以根据学生的专业方向挑选合适的项目开展教学，通过多样化学习活动的设计，改变传统的知识发布的呈现方式，努力引导学生学习方式的变革与核心素养的建构。

（3）内容载体充分体现新技术、新工艺。精选贴近生产生活、反映职业场景的典型案例，注重引导学生观察生活，切实培养学习兴趣。充分考虑各专业学生的学习起点和研读能力，对重点概念、技术以图文、多媒体等方式帮助学生掌握，同时应用时下最流行的网络媒体工具吸引学生的关注，加强实践环节的指导，让学生学有所用。

（4）强化学生的自主学习能力。每个项目后配有项目分享和评价，帮助学生自学测评。项目后面还配有工单式项目拓展，引导学生按照项目的任务实施自主完成新项目任务。

本套教材由罗光春、胡钦太担任总主编，制订教材编写指导思想和理念，确定教材整体框架，并对教材内容编写进行指导和统稿。

本书由郭斌、程弋可、曹晟担任主编，胡燨、刘清太担任副主编，田钧、任超、郭爽参与编写。本套教材由汪永智、黄平槐、廖大凯负责进行课程思政元素的设计和审核。本套教材在编写过程中得到了北京金山办公软件有限公司、360 安全科技股份有限公司、广州中望龙腾软件股份有限公司、福建中锐网络股份有限公司、新华三技术有限公司等企业，电子科技大学、北京理工大学、广东工业大学、华南师范大学、天津职业技术师范大学等高等院校，北京、辽宁、河北、江苏、山东、山西、广东等地区的部分高水平中、高等职业院校的大力支持，在此深表感谢。

由于编者水平有限，教材中难免存在疏漏和不足之处，敬请广大教师和学生批评和指正，我们将在教材修订时改进。联系人：张荣君，联系电话：（010）68944842，联系邮箱：bitpress_zzfs@bitpress.com.cn。

编 者

专题 9 **小型网络系统搭建**

专题 10 信息安全保护

专题9 小型网络系统搭建

随着新一轮科技革命和产业变革兴起，以数据为核心的生产要素、以数字技术为驱动力的新生产方式蓬勃发展，人类社会已经进入全新发展时期，基于智能、网络和大数据的新经济业态正在形成。在新技术、新业务的强力带动下，宽带网络、移动互联网、云计算、虚拟化等新业态的发展不断推动信息技术行业加速前行。特别是互联网技术的创新与拓展，与传统产业生产组织和制造业的深度融合，逐步形成了产业互联网，加快推动了以数字化、网络化、智能化、服务化为核心的新型产业变革，随之带来了社会对掌握网络搭建技术、云系统应用技术、物联网应用技术的高素质技能型人才需求量长年居高不下。

本专题设置三个项目：小型办公网络搭建、网络云应用系统搭建和智慧农业物联网搭建。在教学实施时，可根据不同专业方向选择具体的教学项目；信息技术类专业还可根据学生专业能力培养的需要，将其纳入专业基础教学模块，为后续专业课程学习打好基础。三个项目的内容要求简要描述如下。

1. 小型办公网络搭建：会设计和配置小型办公网络系统，并进行简单测试。

2. 网络云应用系统搭建：会使用免费或开源的资源，搭建私有云存储等系统，以实现资料存储共享、办公协作等功能。

3. 智慧农业物联网搭建：能根据业务需求完成智慧农业物联网搭建。

项目 1 小型办公网络搭建

项目背景

致远设计有限公司是一家小型设计公司，因为业务发展需求，搬入了新办公室，需要重新搭建办公网络，小小暑假顶岗实习的梓远科技有限公司承接了该项目，并成立了项目组。小小觉得这是一个难得的锻炼机会，于是向领导提出申请，参与这个项目。

项目分析

小小所在的项目组对项目进行了初步分析，拟定了项目计划，首先到致远设计有限公司实地考察，在了解其真实需求的基础上做好网络规划；然后组建网络，实现网络通信功能；最后实现共享软硬件资源，满足公司日常办公、协同处理等方面的需求，并提供无线监控功能以保障安全。项目结构如图9-1-1所示。

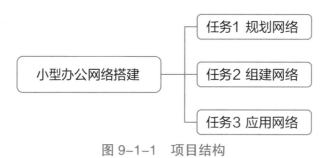

图 9-1-1 项目结构

学习目标

- 能根据需求规划网络功能，会确定设备位置和布线路由。
- 会选择线缆连接网络设备，能配置 TCP/IP 协议和测试网络连通性。
- 会共享打印机和文件夹，能搭建简单的监控摄像。

任务 ①　　　　　　　　　规划网络

任务描述

小小所在项目组到致远设计有限公司实地调研，了解客户真实需求，并在此基础上规划网络、选取设备和了解布线路由等工作，为后续的组网工作做准备。

任务分析

项目组分别与公司负责人、相关技术人员及员工进行了交流沟通后，确定先规划设计网络功能，然后确定设备布局和设备清单，最后了解布线路由的规则，为组建网络做好准备。任务路线如图 9-1-2 所示。

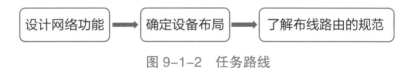

图 9-1-2　任务路线

任务准备

1. 机柜

机柜是用来存放交换机、路由器、配线架等网络设备的收纳柜，具有防水、防尘、防电磁干扰等功能。机柜按照高度可分为多种尺寸，通常为 1U~42U；机框按照功能可分为服务器机柜、网络机柜和壁挂式机柜，如图 9-1-3 所示。

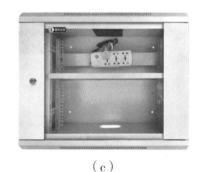

（a）　　　　　　　　　　（b）　　　　　　　　　　（c）

图 9-1-3　机柜

（a）服务器机柜；（b）网络机柜；（c）壁挂式机柜

2. 摄像头

摄像头是一种视频输入设备，被广泛地应用于实时监控、视频会议及远程医疗等方面，通常具有高速转动、声源追踪、面部识别等功能，主要厂商有海康威视、大华、天地伟业等。

现在主流摄像头可以利用手机 APP 进行远程监控和管理，如海康威视公司的萤石云、大华公司的乐橙云等，如图 9-1-4 所示。

图 9-1-4　多终端远程监控

摄像头分为有线摄像头和无线摄像头两类，无线摄像头安装方式灵活，可以根据所需选择摆放安装及吊式安装，如图 9-1-5 所示。

（a）　　　　　　　　　　　　　　　（b）

图 9-1-5　无线摄像头常用安装方式

（a）摆放安装；（b）吊式安装

随着技术的发展，一些先进的无线摄像头还集成了不同功能的传感器，实现了热感应、面部识别、运动感应等物联网功能。

1. 设计网络功能

（1）实地勘察

公司办公室布局如图 9-1-6 所示，共有台式计算机 5 台（其中办公区 3 台，经理室 1 台，打印处 1 台），笔记本电脑 1 台、智能手机若干、打印机 1 台；公司所在写字楼提供光纤接入办公室机柜中，连接到台式计算机的网络已经部署到桌面。

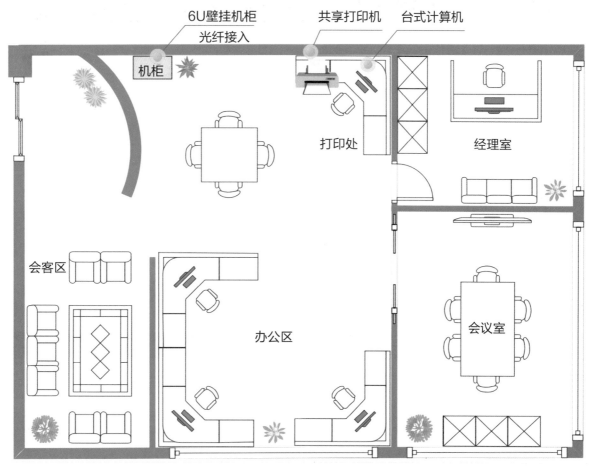

图 9-1-6　公司办公室布局

（2）沟通需求

与公司沟通后，获取如下功能需求。

①台式计算机通过有线上网，笔记本计算机和智能手机通过无线局域网（WLAN）上网。

②办公室共享打印机和文件夹。

③通过智能手机能随时监控办公室入户情况。

（3）规划网络拓扑

分析需求后，通过写字楼提供的入户光纤接入光调制解调器（俗称光猫），再用双绞线接入无线路由器，最后接入一台 24 口网络交换机以满足未来新增人员需求，规划网络拓扑结构如图 9-1-7 所示。

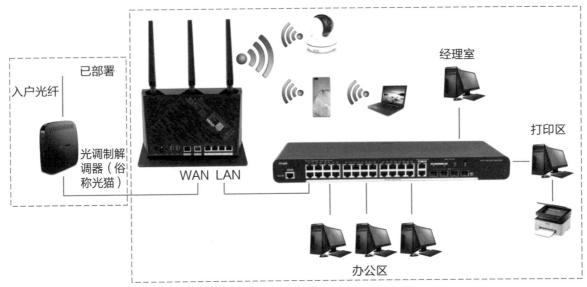

图 9-1-7 规划网络拓扑结构

入户光纤、光猫已经由网络运营商部署到位。

（4）拟定设备功能清单

依据规划的网络拓扑，分区域明确所需设备的名称、数量和功能，如表 9-1-1 所示。

表 9-1-1 拟定设备功能清单

区域	名称	数量	功能
经理室	台式计算机	1 台	有线连接
办公区	台式计算机	3 台	有线连接
打印区	台式计算机	1 台	有线连接，打印，文件存储，公用计算机
	打印机	1 台	接入打印区处的台式计算机，共享
公共区	无线摄像头	1 个	无线接入，手机实时监控
其他	机柜	1 个	6U 壁挂机柜
	光猫	1 个	光纤接入
	交换机	1 台	24 口，1000Mbps
	无线路由器	1 个	提供无线信号

表 9-1-1 中的打印机为普通打印机，不能作为独立网络打印机使用。

2.确定设备布局

（1）确定交换机位置

交换机等有线网络设备为了防水、防尘、防电磁干扰，兼顾美观，通常需要放入机柜中。如果网络设备不多，可以采用占用空间少的壁挂式安装机柜，如图 9-1-8 所示。

图 9-1-8　壁挂式安装机柜

（2）确定无线路由器位置

无线路由器是向周围发射信号，所以路由器最好安装在屋子的中间位置，这样信号会发向周围，同时选择较高的安装位置，减少障碍物的阻碍。

本任务中的无线路由器安装固定在壁挂式机柜顶上，能覆盖整个办公室。

（3）确定无线摄像头位置

无线摄像头主要用作监控办公室进出口，部署在进出口位置，吊顶安装，如图 9-1-9 所示。如果需要监控更多区域，可适当增加无线摄像头数量。

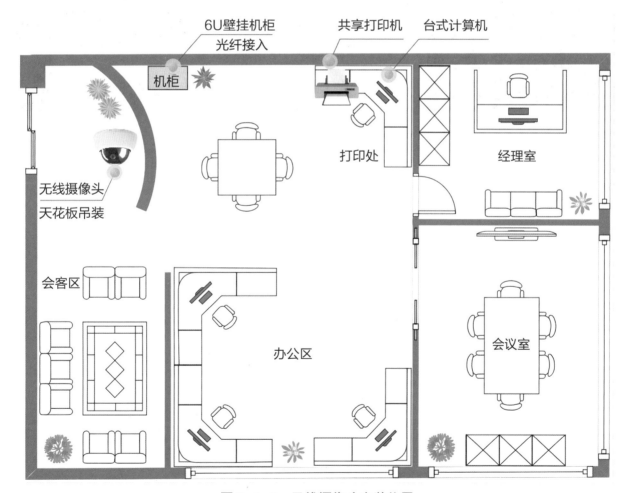

图 9-1-9　无线摄像头安装位置

3. 了解布线路由的规范

这里的布线路由是指网络线缆的走线方式，在布线和走线时主要考虑以下因素。

（1）布线工艺

双绞线布线过程中尽量遵守"横平竖直"的原则，线缆不能挤压、大角度弯折，中间最好不要有接头，有条件的应放于 PVC 线管或线槽内，每隔一段距离用扎带捆绑。规范布线如图 9-1-10 所示。

光纤的布线应该自然平直，不得产生扭绞、打圈接头等现象，不应受外力的挤压和损伤。

（2）强弱电分离

双绞线与电源并排分布或交叉时，保持至少 15 cm 距离，最好分别穿入管中，如图 9-1-11 所示。

（3）标签管理

为了便于管理维护，应按照布线要求在线缆两端打上标签，如图 9-1-12 所示。

图 9-1-10　规范布线　　　　图 9-1-11　强弱电分离　　　　图 9-1-12　标签管理

 小提示

本任务中从大楼到公司的光纤布线，以及从机柜到各个台式计算机的网线布线已经完成。

 任务延伸

1. 实地勘察学校机房的布局和网络设备连接情况，绘制网络拓扑图和平面布局图，并且分小组在班上作展示。

2. 向机房老师请教计算机网络设备安装、布线的方法。

任务 **2**　　　　　**组建网络**

任务描述

小小所在项目组依据任务 1 中的网络规划进行网络组建，实现网络通信功能。

任务分析

进行网络组建先要了解网络设备的各种接口，制作双绞线接头，然后连接网络设备，配置好网络设备和计算机，最后接入终端设备。任务路线如图 9-1-13 所示。

图 9-1-13　任务路线

任务准备

1. 双绞线

双绞线是网络布线中最常用的一种传输介质。目前，网络布线中常用的有超 5 类和 6 类双绞线，外层保护胶皮上分别标注"CAT.5E"和"CAT.6"字样，6 类双绞线中间还有绝缘的十字骨架。超 5 类非屏蔽双绞线和 6 类非屏蔽双绞线分别如图 9-1-14 和图 9-1-15 所示。

图 9-1-14　超 5 类非屏蔽双绞线

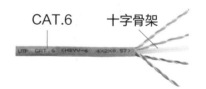

图 9-1-15　6 类非屏蔽双绞线

在使用双绞线布线时，通常需要在两端接上 RJ45 接头（俗称水晶头），如图 9-1-16 所示。制成的双绞线跳线如图 9-1-17 所示。

图 9-1-16　RJ45 接头

图 9-1-17　双绞线跳线

在连接双绞线和RJ45接头时，需要将双绞线按一定线序插入RJ45接头的8个凹槽中。在国际通行的布线标准中，规定了 T568A 和 T568B 两种常用的线序标准，如图 9-1-18 所示。

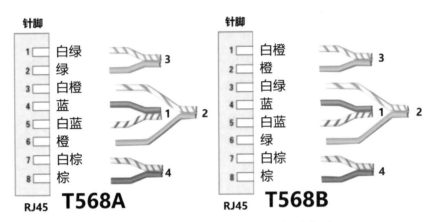

图 9-1-18   T568A 和 T568B 接线标准

2. 常用网络工具

（1）网线钳

网线钳是用于压接 RJ45 网络接头或 RJ11 电话接头的工具，具有切线、剥线、压接等功能，如图 9-1-19 所示。

（2）网络通断测试仪

网络通断测试仪是用于网线的通断测试、故障检测的工具，如图 9-1-20 所示。

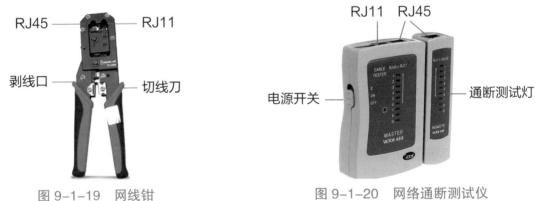

图 9-1-19   网线钳   图 9-1-20   网络通断测试仪

1. 制作双绞线接头

本任务中除了入户光纤外，其他有线连接均采用 T568B 标准的双绞线接头，先剪下适当长度的网线后，手工制作双绞线接头，参考步骤如下。

步骤 1：剥线。用网线钳的剥线口将双绞线塑料外皮剥去 2~3 cm，如图 9-1-21 所示。

步骤 2：理线。小心地剥开线对，并将线芯按 T568B 标准排序，将线芯拉直、挤紧理顺，朝一个方向紧靠，如图 9-1-22 所示。

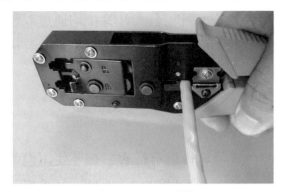

图 9-1-21　剥线

图 9-1-22　理线

步骤 3：剪线。将裸露出的双绞线芯，用网线钳整齐地剪切，只剩下约 1.3 cm，如图 9-1-23 所示。

步骤 4：插线。一手以拇指和中指捏住 RJ45 接头，并用食指抵住，RJ45 接头的方向是金属引脚朝上、弹片朝下，如图 9-1-24 所示。

图 9-1-23　剪线

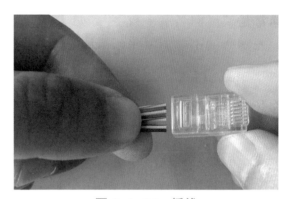

图 9-1-24　插线

步骤 5：压线。确认无误后，将 RJ45 接头推入网线钳夹槽后，用力握紧网线钳，将突出在外面的针脚全部压入 RJ45 接头内，如图 9-1-25 所示；至此 RJ45 接头连接完成，如图 9-1-26 所示。

图 9-1-25　压线

图 9-1-26　完成 RJ45 接头制作

用同样方法在双绞线另一端安装 RJ45 接头，将制作好的网线使用测试仪测试后，按照图 9-1-7 规划网络拓扑接入对应接口。

2. 连接网络设备

按照图 9-1-7 连接线缆，其中光猫光纤接口接入入户光纤；台式计算机均通过双绞线接入交换机，如果需要较长双绞线连接的，先剪出适合长度的网线，然后参考上一步操作制作 RJ45 接头；如果距离较短则采用成品网线来连接。

3. 配置网络设备

（1）登录无线路由器

方式 1：有线方式登录。对使用双绞线接入的台式计算机进行配置，按照使用说明书找到无线路由器的登录 IP 地址，例如 192.168.5.1；设置台式计算机 IP 地址，并将网关设为 192.168.5.1，然后在浏览器中输入登录 IP 地址。

方式 2：无线方式登录。使用手机或笔记本电脑查找该无线路由器的 SSID 号，如果是中国电信等服务商提供的无线路由器，通常是"服务商名字 + 数字"，如"ChinaNet-×××"；如果是直接购买的品牌无线路由器，则通常是"厂商名字 + 数字"，如"TP_LINK_6FDF"。

在浏览器中输入无线路由器登录 IP 地址，然后在使用说明书或设备铭牌中找到默认账号、密码进行登录，如图 9-1-27 所示。

（2）设置无线局域网络

登录后通常选择向导模式，在这里选择"进入向导"选项，随后选中"自动 IP（DHCP）"单选按钮，然后单击"下一步"按钮，具体操作如图 9-1-28 与图 9-1-29 所示。

图 9-1-27　进入登录窗口

图 9-1-28　选择"进入向导"选项

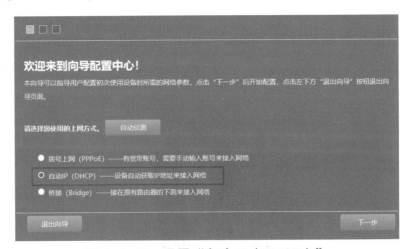

图 9-1-29　设置"自动 IP（DHCP）"

　　该无线路由器支持 2.4G 和 5G 双频段模式，分别设置对应的无线名称（SSID）和密码，如图 9-1-30 所示，单击"下一步"按钮，即完成无线路由器的配置。

请配置您的无线网络。

无线名称是本设备无线广播的名称，您的无线终端可以根据这个名称找到本设备。无线信号是开放式广播的，为了您的无线网络安全，请设置无线密码。

无线（2.4G）：

无线名称 | wireless_2.4G

无线密码 | Yggpatzv

无线（5G）：

无线名称 | wireless_5G

无线密码 | wo4tW8nj

无线信号： ○ 增强　● 正常　○ 绿色

退出向导　　　　　　　　　　　　　上一步　　下一步

图 9-1-30　设置无线名称（SSID）和密码

无线路由器中的 2.4G 和 5G 两种信号

　　目前新款的无线路由器都支持双频段模式，即默认同时发射 2.4G 和 5G 两种信号。2.4G 信号网速稍慢，但是传播距离远，适合大范围走动和穿过屏蔽，而 5G 信号网速较快，但传播距离较近，适合近距离使用，常应用于网速要求高的游戏、视频等应用。

4. 接入终端设备

（1）无线接入笔记本电脑和智能手机

　　使用智能手机或笔记本电脑搜索无线网络，找到上一步设置的无线名称（SSID），单击连接并输入登录密码，接入网络。

（2）有线接入台式计算机

　　为了方便管理，所有台式计算机均采用静态 IP 地址，无线路由器所分配的网段为 192.168.5.0/24，网关为无线路由器地址 192.168.5.1，DNS 地址为网络服务器提供商提供的 61.139.2.69，规划 TCP/IP 配置如表 9-1-2 所示。

表 9-1-2　规划 TCP/IP 配置

区域	名称	IP 地址	子网掩码	网关	DNS
经理室	台式计算机	192.168.5.6	255.255.255.0	192.168.5.1	61.139.2.69
办公区	台式计算机 1	192.168.5.7	255.255.255.0	192.168.5.1	61.139.2.69
	台式计算机 2	192.168.5.8	255.255.255.0	192.168.5.1	61.139.2.69
	台式计算机 3	192.168.5.9	255.255.255.0	192.168.5.1	61.139.2.69
打印区	台式计算机	192.168.5.10	255.255.255.0	192.168.5.1	61.139.2.69

以设置打印区的台式计算机 TCP/IP 为例，在"网络和 Internet"设置中单击"更改适配器"选项，在打开的"网络连接"窗口中，右击"以太网"，在弹出的快捷菜单中选择"属性"选项，双击"Internet 协议版本 4（TCP/IPv4）"选项，打开"Internet 协议版本 4（TCP/IPv4）属性"对话框，按图 9-1-31 所示配置 IP 地址。

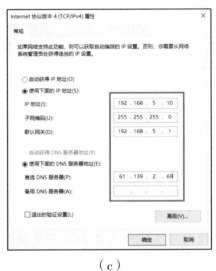

（a）　　　　　（b）　　　　　（c）

图 9-1-31　配置 IP 地址

1.班级竞赛：10 min 之内制作尽量多的 T568B-T568B 双绞线跳线，每制作成功一条得 1 分，每测试合格一条再加 1 分。

2.配置家里的无线路由器，分别重新设置 2.4G 和 5G 频段的无线标识（SSID）及密码。

任务 **3**　　　　　　　　应用网络

任务描述

　　网络组建成功，接下来需要实现共享打印机和文件夹，满足公司日常办公、协同处理等方面的需求，同时提供无线监控功能以保障安全。

任务分析

　　为方便打印资料，要将打印区的打印机共享；为方便内部分享资料，需要教会公司员工使用共享文件夹；为了安全和管理，需要安装无线监控摄像头。任务路线如图 9-1-32 所示。

图 9-1-32　任务路线

任务准备

　　打印区的打印机通过网络共享，让网络中的计算机均能进行打印，不仅能节约成本，还能实现打印的集中管理。共享网络打印机通常有以下两种形式。

　　（1）共享打印机

　　打印机作为某台计算机的附属设备，通过该台计算机被共享，被网络中的其他计算机设备使用，这是目前最常用的方式，如图 9-1-33 所示。

图 9-1-33　共享打印机

（2）网络打印机

网络打印机作为一台终端设备独立存在，通过打印机上的网络接口接入网络，不再是某台计算机的附属设备，网络中其他计算机均可直接访问使用，如图 9-1-34 所示。

有些网络打印机有无线网卡，可以直接接入无线网络，除了能连接计算机实现打印外，还可以在手机安装打印 APP 实现打印功能，突破空间限制，如图 9-1-35 所示。

图 9-1-34   网络打印机   图 9-1-35   无线网络打印机

1. 连接网络打印机

（1）安装打印机

使用打印机的 USB 数据线将打印机连接到计算机，然后打开打印机电源开关，随后在搜索栏中搜索并打开"打印机和扫描仪"窗口，如图 9-1-36 所示。

图 9-1-36   搜索"打印机和扫描仪"

单击"添加打印机和扫描仪"图标，计算机将自动搜索打印机，如图 9-1-37 所示。

图 9-1-37　添加打印机和扫描仪

如果找不到打印机，则单击下方"我需要的打印机不在列表中"链接，之后在"添加打印机"对话框中选择需要添加的打印机，如图 9-1-38 所示。

（a）　　　　　　　　　　　　　　　（b）

图 9-1-38　添加打印机

（2）共享打印机

首先选择安装好的打印机，单击"管理"按钮，如图 9-1-39 所示；然后选择"打印机属性"选项，如图 9-1-40。

图 9-1-39　选择安装好的打印机

图 9-1-40　选择"打印机属性"选项

在弹出的窗口中选择"共享"选项卡，设置共享名，最后单击"确定"按钮，将打印机共享出来，如图 9-1-41 所示。

图 9-1-41　共享打印机

（3）设置"网络发现"

计算机需要设置"网络发现"才能搜索和发现局域网上的共享设备。具体操作是单击图 9-1-41 中的"网络和共享中心"链接，在打开的窗口中单击"更改高级共享设置"链接，然后选中"启用网络发现"单选按钮与"启用文件和打印机共享"单选按钮，如图 9-1-42 所示。

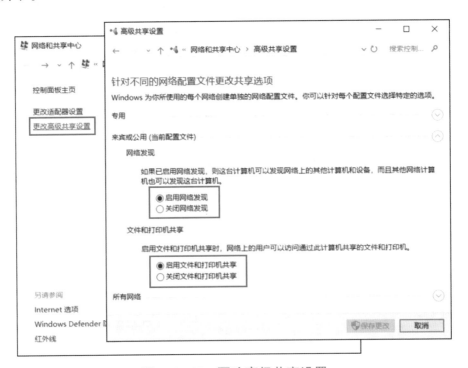

图 9-1-42　更改高级共享设置

（4）添加共享打印机

在其他未安装打印机的计算机上，依次在"添加打印机"窗口中单击"浏览"按钮，在弹出的窗口中选择网络中被共享的打印机，然后依据提示完成网络打印机的添加，如图 9-1-43 所示。

图 9-1-43　添加共享打印机

2. 共享文件夹

步骤 1：右击共享文件夹，在弹出的快捷菜单中选择"属性"选项，如图 9-1-44 所示。

步骤 2：进入"共享文件 属性"界面后，单击"共享"按钮，然后单击"高级共享"按钮，如图 9-1-45 所示。

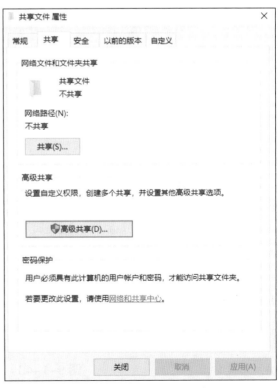

图 9-1-44　选择"属性"选项　　　　图 9-1-45　"共享文件 属性"界面

步骤 3：在"高级共享"界面中选中"共享此文件夹"单选按钮，该文件夹即被共享，如图 9-1-46 所示。

步骤 4：此时被共享的文件夹只能读，不能写。如果要具有读写权限，则单击"权限"按钮，在弹出的界面中将"Everyone"设置为允许"安全控制、更改、读取"，如图 9-1-47 所示。

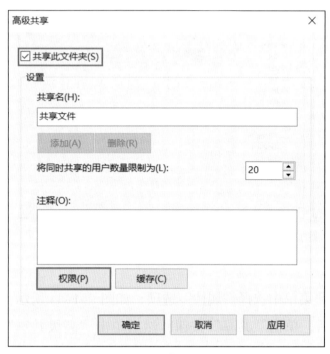

图 9-1-46   "高级共享"界面   图 9-1-47   设置共享文件权限

步骤 5：关闭共享密码保护。在"网络和共享中心"界面中单击"更改高级共享设置"链接，随后选中"所有网络"→"密码保护的共享"中的"无密码保护的共享"单选按钮，最后单击"保存更改"按钮保存更改设置，如图 9-1-48 所示。

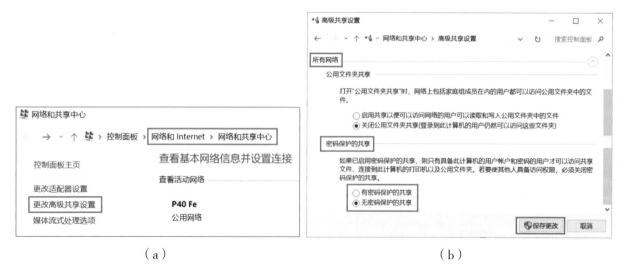

（a）   （b）

图 9-1-48   关闭共享密码保护

步骤 6：访问共享文件夹。在搜索框中输入共享文件夹电脑的 IP 地址，格式为"\\192.168.×.×"，单击"确定"按钮，即可访问共享文件夹；也可以在资源管理器的地址栏中输入共享文件夹电脑的 IP 地址，如图 9-1-49 与图 9-1-50 所示。

图 9-1-49　在搜索框中输入共享文件夹地址

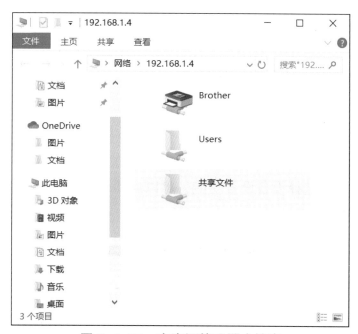

图 9-1-50　在资源管理器中搜索

3. 安装无线监控摄像头

无线监控摄像头品牌、类型较多，这里以海康威视公司的萤石（EZVIZ）智能家居摄像头为例进行体验。

（1）连接硬件

按照任务 1 中的规划图将无线摄像头吊装于办公室顶端，有以下两种连接方式。

方式 1：连接网线和电源线，使用有线方式进行配置，这样能保证网络更加稳定。

方式 2：只连接电源线，然后通过无线摄像头的无线局域网（WLAN）方式进行连接，这是最常用的方法，如图 9-1-51 所示。

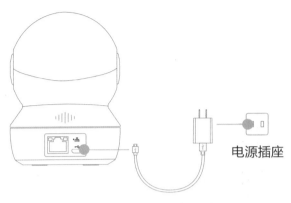

图 9-1-51　连接电源线

（2）配置无线监控摄像头

步骤 1：下载安装管理软件。在手机应用市场中下载安装"萤石云视频"APP，也可以在使用说明书上扫描二维码下载安装。

步骤 2：账号登录。打开"萤石云视频"APP，点击"登录"按钮，输入账号即可，如图 9-1-52 所示。如果没有账号，则按照提示进行注册后登录，如图 9-1-53 所示。

步骤 3：添加设备。点击"添加设备"按钮，如图 9-1-54 所示，在新窗口中提示扫描二维码，在设备的底部找到设备二维码进行扫描，如图 9-1-55 所示。

步骤 4：接入无线网络。添加设备成功后会提示让设备接入无线网络，输入无线网络的标识和密码，如图 9-1-56 所示，最后提示添加设备成功，此时会显示监控画面，如图 9-1-57 所示。

步骤 5：功能设置。选择设备设置功能，可以启动"智能侦测""人形追踪""云台调整"等多种实用功能。

图 9-1-52　登录账号

图 9-1-53　注册账号

图 9-1-54　添加设备

图 9-1-55　扫描二维码　　　　图 9-1-56　接入无线网络　　　图 9-1-57　添加设备成功提示

任务延伸

　　1. 分组调查学校的网络应用情况，整理成资料，试着提出改善网络环境的合理建议，并选派代表在班级交流。

　　2. 利用所学为家里安装无线摄像头，并教会家人使用。

项目分享

方案1：各工作团队展示交流项目，谈谈自己的心得体会，并选派代表分享交流。

方案2：由学生代表与指导教师组成项目评审组，各工作团队制作汇报材料并进行答辩。

项目评价

请根据项目完成情况填涂表9-1-3。

表9-1-3　项目评价表

类　别	内　容	评　分
项目质量	1.各个任务的评价汇总 2.项目完成质量	☆ ☆ ☆
团队协作	1.团队分工、协作机制及合作效果 2.协作创新情况	☆ ☆ ☆
职业规范	1.项目管理、实施环境规范 2.项目实施过程、相关文档的规范	☆ ☆ ☆
建议		

注："★☆☆"表示一般，"★★☆"表示良好，"★★★"表示优秀。

项目总结

本项目依据行动导向理念，将行业中的小型网络系统搭建的典型工作过程转化为项目学习内容，共分为规划网络、组建网络、应用网络3个任务。在规划网络任务中介绍了如何根据需求设计网络功能、确定设备位置和布线路由；在组建网络任务中介绍了如何制作双绞线、连接和配置网络设备，最后接入终端；在应用网络任务中介绍了如何连接网络打印机、共享文件夹和安装无线摄像头。

项目拓展　　　　　学校社团活动室网络改造

1. 项目背景

学校社团原有 2 位指导老师、6 名成员，新学期吸纳了 4 名新成员，于是社团活动室原有的网络设备不能满足新成员的上网需求。社团活动室现有布局如下图。

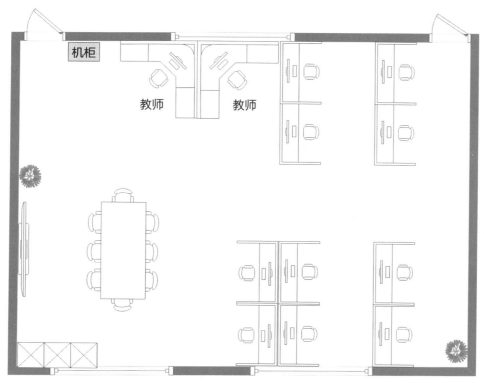

社团活动室布局

所有台式计算机均采用静态 IP 地址，学校分配给活动室的网段为 192.168.1.0/24，网关为 192.168.0.1，DNS 地址为 114.114.114.114。

2. 预期目标

学校社团指导老师希望能改造社团活动室网络，满足上网需求并规范上网行为，具体要求如下。

1）教师及成员每人均能有线上网。

2）社团活动室内覆盖无线网络。

3）安装监控，随时能查看社团活动室的情况。

4）制定管理制度，规范上网行为及保障环境卫生。

3. 项目资讯

1）双绞线 T568B 线序是 _____

2）无线路由器主要功能有 _____

_____

3）无线路由器配置 WLAN 的常用方法和步骤是 _____

_____

4）室内监控摄像头通常安装的位置有 _____

_____

5）制定社团活动室管理制度应该考虑的因素有 _____

_____

4. 项目计划

绘制项目计划思维导图。

5. 项目实施

任务 1：活动室网络规划

（1）网络拓扑规划（标注出设备名称、端口号）

（2）设备清单（列出学校社团活动室网络改造所需设备及耗材）

序号	设备及耗材	规格及数量
1	交换机	24 口，1 台
2	无线路由器	
3	摄像头	
4	网线及 RJ45 接头	

（3）IP 地址规划

1）有线 IP 网络规划。

所有 PC 子网掩码：_____　网关：_____　DNS：_____

类别	IP 地址	类别	IP 地址
教师 1		教师 2	
学生 1		学生 2	
学生 3		学生 4	
学生 5		学生 6	
学生 7		学生 8	
学生 9		学生 10	

2）无线 IP 地址规划。

无线路由器 IP 地址：_____　　DHCP 地址池：_____

小提示：可直接在"社团活动室布局图"上进行规划。

任务 2：活动室网络组建

小提示：依据网络计划完成，如果实训条件有限，部分操作可在模拟器中进行。

（1）部署有线网络

1）制作连接设备双绞线。制作好的双绞线要测试连通性并做好记录，同时将制作结果拍照。

2）有线连接交换机、无线路由器及 PC 机。做好过程记录，并将连接情况拍照或截图。

3）配置 PC 机 IP 地址。做好过程记录，并将配置情况拍照或截图。

（2）部署无线网络

1）配置无线路由器。配置 DHCP、无线网络 SSID 及密码，同时将操作步骤截图。

2）连接无线设备。使用无线终端接入无线路由器，将连接情况截图。

（3）安装监控摄像头

1）连接监控摄像头。使用无线或有线方式连接监控摄像头，同时将结果拍照。

2）配置监控摄像头。参考监控摄像头说明书，完成监控摄像头的配置，并将关键步骤截图或拍照。

任务 3：活动室网络应用

（1）网络调试

测试所有设备的连通性并作故障排查，做好过程记录。

（2）管理制度拟定

上网查阅资料，结合具体情况，从日常管理、规范上网、网络安全等方面拟定《学校社团活动室管理制度》。

6. 项目总结

（1）过程记录

记录项目实施过程中的各种情况，为工作总结提供依据，如表格不够，可自行加页。

序　号	内　容	思考及解决方法
1		
2		
3		

（2）工作总结

从整体工作情况、工作内容、反思与改进等几个方面进行总结。

7. 项目评价

内　容	要　求	评　分	教师评语
项目资讯（10分）	回答清晰准确，紧扣主题，没有明显错误		
项目计划（10分）	计划清楚，图表美观，能根据实际情况进行修改		
项目实施（60分）	实施过程安全规范，能根据项目计划完成项目		
项目总结（10分）	过程记录清晰，工作总结描述清楚		
态度素养（10分）	按时出勤、积极主动、清洁清扫、安全规范		
合计	依据评分项要求评分合计		

项目 ② 网络云应用系统搭建

项目背景

　　有一家小型设计工作室的计算机硬盘因误操作损坏，设计作品数据丢失，被用户投诉，幸好小小公司帮忙修复了数据。为了避免以后再出现这种情况，该设计工作室希望小小所在的公司帮忙搭建云存储应用系统。

项目分析

　　该项目的用户只有初步的意向，还需要深入收集与整理公司的真实需求，并据此进行系统设计，然后按照设计部署系统，最后将项目交付给客户。项目结构如图 9-2-1 所示。

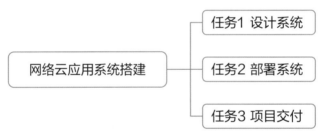

图 9-2-1　项目结构

学习目标

- 能根据需求完成硬件、软件选型，并进行应用功能设计。
- 会安装操作系统，能部署云存储系统及服务器运维面板。
- 了解项目交付的方法。

任务 ① 　　　　　　　　　　**设计系统**

任务描述

　　在项目中，调研了解客户的真实需求，据此制订出满足客户需求的规划方案是项目工作的重中之重，本阶段需要反复确认与沟通。

任务分析

　　小小随同项目组长一起到设计工作室，从现行系统、现行需求、未来需要及约束条件几个方面进行了深入沟通，并在此基础上依据客户建议进行了硬件选型、软件选型及应用设计，为系统部署做好准备。任务路线如图 9-2-2 所示。

图 9-2-2　任务路线

任务准备

1. 服务器

　　服务器（Server）是一种为客户端计算机（Client）提供各种服务的高可用性计算机，根据产品类型可分为塔式服务器、机架式服务器及刀片式服务器，如图 9-2-3 所示。

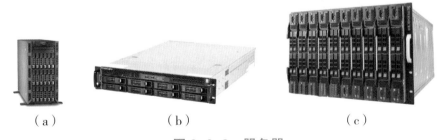

（a）　　　　　　　　（b）　　　　　　　　（c）

图 9-2-3　服务器

（a）塔式服务器;（b）机架式服务器;（c）刀片式服务器（10 刀片）

2. 服务器运维面板

　　在专业应用领域，服务器运行维护一直是难点，涉及服务器、数据库、服务器软件及安全等众多的内容，对于实力有限，又希望快速部署服务的个人和企业，服务器运维面板很好地解决了以上问题。常用的服务器运维面板有宝塔（BT）、云帮手、小皮面板（PHP Study）、AppNode 等，如图 9-2-4 所示。

图 9-2-4　常用的服务器运维面板

3. 云存储系统

云存储（Cloud Storage）是基于云计算建立起来的一种网络存储技术，分为公共云储存、私有云储存、混合云储存 3 种形式。

公共云存储是使用第三方公司提供的云存储服务，使用时只需要输入账号、密码即可登录使用，如百度云盘、腾讯云盘、阿里云盘等；私有云存储是独享的云存储服务，为某一企业或社会团体独有，常用的私有云存储有 Seafile、可道云、ownCloud 等，如图 9-2-5 所示；混合云存储则是把公共云存储和私有云存储结合在一起的存储方式。

图 9-2-5　常用的私有云存储

1. 需求确认

与设计工作室沟通后，从现行系统、现行需求、未来需求及约束条件几方面获取如下真实需求，如表 9-2-1 所示。

表 9-2-1　需求确认表

序号	项目	内容
1	现行系统	平时业务数据均存放在员工个人计算机上，现有一台服务器缺乏维护人员，长期闲置
2	现行需求	公司需要搭建私有云存储，放在公司内部服务器上，目前需要 2 TB 以上的存储量；没有专门的网络运行维护人员，私有云存储安装、维护、使用尽量简单易用
3	未来需求	预计在未来 3 年内，存储量会达到 5 TB，应方便扩容
4	约束条件	现有的网络、带宽、网络安全、配电均能满足私有云存储需求；经费不宽裕，使用公司原有的服务器进行改造；另外，尽量使用免费开源的软件

2. 硬件选型

硬件选型主要是购买存放云存储的服务器，通常有两种选择，一种是自购买服务器，另一种是租用第三方公司的设备。设计工作室原有一台服务器，按照需求进行升级即可，升级时主要考虑存储空间、计算能力、备份能力等方面，如图 9-2-6 所示。

	CPU	原有CPU
	内存	升级16G×4，DDR4
	硬盘	升级3TB×4，Raid1，机械硬盘
	网卡	原有千兆网卡
	电源	原有电源

图 9-2-6　服务器升级

图 9-2-6 中硬盘"升级 3TB×4，Raid1，机械硬盘"，其中 Raid1 是磁盘 Raid 阵列（廉价磁盘冗余阵列）中的一种，采用镜像方式，如果一个硬盘坏了，另外一个硬盘的备份数据不会丢失，其他还有 Raid0、Raid3、Raid5 等多种方式。

3. 软件选型

根据设计工作室的要求，使用免费开源的软件，包括操作系统、私有云存储软件。另外，因为技术实力有限，选用简单易用的服务器运维面板软件进行集中管理。经过比选，特别是兼容性调查后，软件选型如表 9-2-2 所示。

表 9-2-2　软件选型

项目	型号	选择原因
操作系统	深度（deepin）	国产，免费，安装方便，基于 Linux 开源系统，安全易用
服务器运维面板	宝塔（BT）	国产，永久免费，兼容深度操作系统
私有云存储软件	可道云（KOD Cloud）	国产，免费版功能足够使用，宝塔直接可免代码安装，兼容深度操作系统

4. 应用设计

应用设计主要从系统架构、账户及权限、运维管理等方面进行考虑，依据上面的需求及选型，系统架构设计如图 9-2-7 所示。

私有云存储	kod Cloud 可道云	1.管理员账号1个 2.每位员工1个账号
服务器运维面板	BT.宝塔 CN	管理员账号1个
操作系统	deepin	管理员账号1个

图 9-2-7   系统架构设计

账户及权限在后期系统交付的时候会教会设计工作室的运维人员自行设置，初期只需要设置各个系统的管理员账号即可。

运维管理，主要考虑日常监控、数据备份、安全防范等方面，服务器运维面板提供了绝大部分功能，可以在后期自行设置。

专业的系统设计中账号通常有三类，第一类是超级管理员账号。超级管理员账号极少使用，通常在全面维护系统时使用。第二类是管理员账号，由运行维护人员进行系统维护。第三类是普通用户账号，由用户自行使用，权限较小。

任务 **2** 　　　　　　　　　**部署系统**

任务描述

通过前面的工作深入了解了客户需求，与客户沟通了云应用系统的软硬件选型、功能，最终确认并设计好系统之后，接下来将进行系统部署工作，实现系统功能。

任务分析

部署系统工作需要在服务器上安装操作系统，然后安装服务器运维面板，再部署云存储系统，最后进行系统调试。任务路线如图 9-2-8 所示。

图 9-2-8　任务路线

任务实施

1. 安装操作系统

根据系统设计要求，本次部署服务器选择国产开源的 deepin 操作系统。

（1）下载安装资源

访问 deepin 系统官网，下载官方镜像和深度启动盘制作工具，选择适合的下载方式进行下载，如图 9-2-9 所示。

（2）制作启动盘

准备一个空白 U 盘，安装运行深度启动盘制作工具，选择上一步下载的镜像光盘（扩展名为 .iso），然后选择磁盘，在这里建议勾选"格式化磁盘可提高制作成功率"复选框，最后开始制作，如图 9-2-10、图 9-2-11 所示。

图 9-2-9　下载安装资源

图 9-2-10　选择镜像光盘

图 9-2-11　选择写入磁盘

如果在虚拟机中安装，在"选择客户机操作系统"时，选择"Linux（L）"，版本为"Ubuntu 64 位"。

（3）安装系统

计算机设置为 U 盘启动，然后将制作好的启动 U 盘插入计算机，开机之后系统安装程序会自动运行。随后依次完成"选择语言"、选择"磁盘分区"，如图 9-2-12、图 9-2-13 所示。然后按照提示完成安装。

图 9-2-12　选择语言

图 9-2-13　磁盘分区

安装完成后会提示重新启动计算机，此时需先拔出 U 盘再重新启动。

（4）登录系统

重启计算机后进入系统配置阶段，依次为"选择语言""键盘布局""选择时区""创建账户"，如图 9-2-14 所示。

随后自动"优化系统配置"，最后进入系统登录界面，如图 9-2-15 所示。

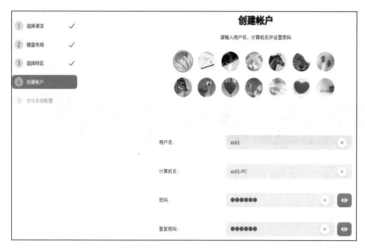

图 9-2-14　创建账户

图 9-2-15　系统登录界面

（5）配置网络

登录系统后配置网络，主要是设置 TCP/IP 协议。右击任务栏中的"网络"图标，然后选择"有线网络"选项，在打开的窗口中选择设置"有线连接"，如图 9-2-16 所示。

在打开的网络设置窗口中选择 IPv4 地址的配置方法为"手动"方式，然后按图 9-2-17 所示配置地址。

图 9-2-16　进入网络设置界面

图 9-2-17　配置 IPv4 地址

普通个人计算机通常采用 DHCP 自动获取 IP 地址方式，而服务器均应设置为静态 / 手动方式。

2. 安装服务器运维面板

考虑到设计工作室技术实力较弱，从简单易用角度在创建云
存储系统之前，先安装服务器运维面板，最终确认使用宝塔系统。

（1）安装运维面板

利用浏览器搜索宝塔官网并访问，在页面上选择"立即安装"
链接，如图 9-2-18 所示。

图 9-2-18   宝塔官网

在打开的页面中找到"Ubuntu/Deepin"的安装命令并复制，如图 9-2-19 所示。

图 9-2-19   复制安装命令

在桌面上右击，打开快捷菜单，选择"在终端中打开"选项，然后粘贴上一步的安
装命令之后按"确认"键，进入安装流程，如图 9-2-20 与图 9-2-21 所示。

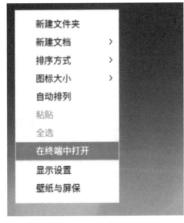

图 9-2-20   打开终端

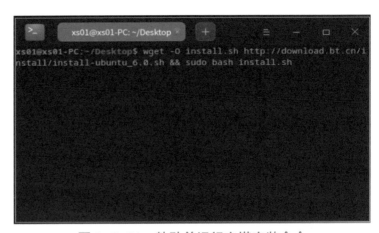

图 9-2-21   粘贴并运行宝塔安装命令

小提示

安装过程中保持
互联网的畅通。

依次按照操作提示完成宝塔安装，此时界面上出现宝塔的登录地址及账号、密码信息，将它们复制下来，做好保存，如图 9-2-22 所示。

图 9-2-22　记录登录信息

（2）安装支持套件

在浏览器中打开上一步中的"内网面板地址"，出现登录页面，输入上一步记录的账号、密码之后登录，如图 9-2-23 所示。

选择同意协议后，进入"推荐安装套件"界面，选择一键安装"LNMP（推荐）"套件，如图 9-2-24 所示，随后自动安装完成。

图 9-2-23　宝塔登录界面　　　　　　　图 9-2-24　安装"LNMP 推荐"套件

安装存储服务、网站服务等服务器功能，需要安装配置大量的支持软件，专业要求极高，为了方便使用，将这些支持软件集成在一起成为套件。集成在一起安装，可节约时间和降低技术难度，如 LNMP 套件，是指 Linux 操作系统、Nginx 网站服务器、MySQL 或 MariaDB 数据库、PHP（或 Perl、Python），取它们的首字母。

（3）登录运维面板

完成套件安装后，接下来会提示绑定宝塔官网账号。如果用户有账号则可以直接登录，没有账号则需按照提示完成注册后登录，如图9-2-25所示。

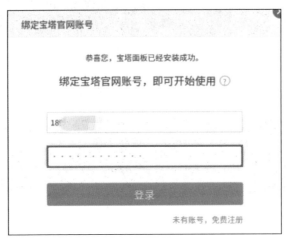

图9-2-25　绑定官方账号

3. 部署云存储系统

根据技术论证和比选，宝塔系统与可道云存储系统兼容性较好，安装维护方便，基本上是无代码安装、运维，技术难度低，满足设计工作室的需求。

（1）安装云存储系统

可道云存储系统可以借助宝塔的"一键部署"功能进行无代码安装。在宝塔中依次单击"软件商店"→"一键部署"→"可道云"选项，如图9-2-26所示。

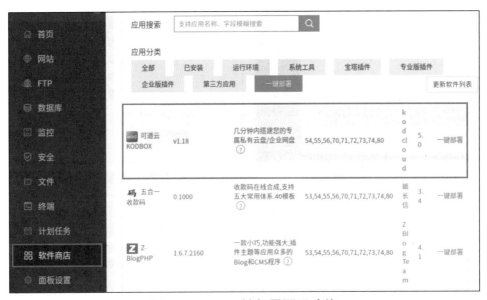

图9-2-26　一键部署源码功能

单击"可道云"右侧的"一键部署"链接，在弹出的窗口中填入域名，如果没有域名则填写IP地址，这里填入服务器的IP地址，如图9-2-27所示。

图 9-2-27　宝塔一键部署可道云

　　域名确认后，单击"提交"按钮，弹出已成功部署窗口，显示数据库账号资料及访问网站地址，做好保存记录，如图 9-2-28 所示。

图 9-2-28　成功部署

（2）创建管理员账号、密码

　　通过浏览器打开上一步记录的访问站点地址，打开系统安装账号设置页面，创建管理员账号、密码，注意密码应满足复杂性要求，如图 9-2-29 所示。

图 9-2-29　创建管理员账号、密码

　　密码复杂性要求，通常指密码长度要求 8 位以上，同时包括以下类别中的 3 个类：大写英文字母、小写英文字母、数字和特殊字符。

（3）创建用户

使用管理员账号登录后，单击左下方用户图像，打开管理菜单，选择"用户管理"选项，按照提示在打开的窗口中创建用户，如图 9-2-30、图 9-2-31 所示。

图 9-2-30　用户管理

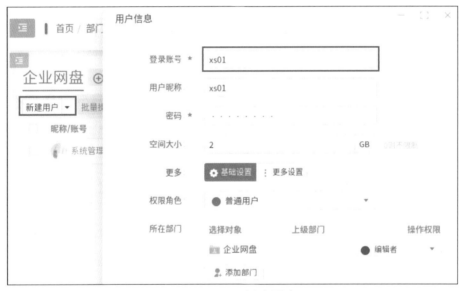

图 9-2-31　创建用户

在这里可以选择创建"系统管理员""普通用户"等角色，角色可以在"角色管理"菜单中自定义。

4. 系统调试

系统安装部署完成后，需要对系统登录、系统功能、系统性能等项目进行调试。

（1）多终端系统登录调试

分别使用同一个网络中的计算机及移动端浏览器访问上一步记录的可道云地址，使用创建的账号登录查看效果，如图 9-2-32、图 9-2-33 所示。

图 9-2-32 计算机登录

图 9-2-33 移动端登录

（2）系统功能调试

功能调试分为两部分，一部分是使用管理员账号登录，测试后台管理功能；另一部分是使用普通账户登录以测试云存储功能，主要测试个人使用的空间，以及团队使用的企业网盘。

所有测试均使用内网地址进行。如果需要测试外网登录，需要在连接外网的设备上进行端口映射。

（3）性能调试

云网盘的测试包括测试容量、随机读写速度、读写吞吐量等，有两种简单的测试方法，一种是上传、下载大文件，查看读写速度；另一种是分别上传、下载大量的小文件，查看速度，测试上传速度如图9-2-34所示。

图9-2-34   测试上传速度

任务 **3** 项目交付

任务描述

系统部署完成并做好初步调试后，还需要将系统交付给客户，即项目交付。

任务分析

项目交付需要先与客户一起进行项目验收，制定验收清单，找客户一一确认签字，然后依据制定的用户手册，进行客户培训，制定问题跟踪表，确认解决问题的计划及进度。任务路线如图 9-2-35 所示。

图 9-2-35　任务路线

任务实施

1. 项目验收

在项目验收阶段，为了确认所安装部署的系统在功能、性能等方面能满足客户的需求，通常需要制作验收报告，并制作验收清单请客户确认签字，通常使用文字处理软件或数据处理软件完成。

（1）项目验收步骤

项目验收步骤如图 9-2-36 所示。

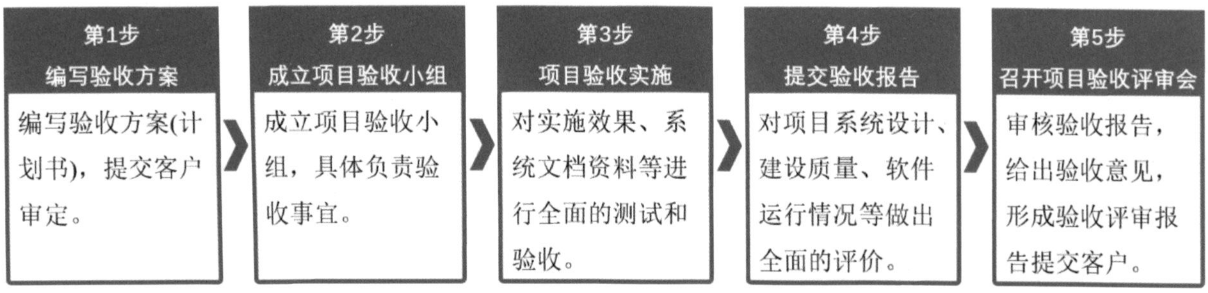

第1步 编写验收方案	第2步 成立项目验收小组	第3步 项目验收实施	第4步 提交验收报告	第5步 召开项目验收评审会
编写验收方案(计划书)，提交客户审定。	成立项目验收小组，具体负责验收事宜。	对实施效果、系统文档资料等进行全面的测试和验收。	对项目系统设计、建设质量、软件运行情况等做出全面的评价。	审核验收报告，给出验收意见，形成验收评审报告提交客户。

图 9-2-36　项目验收步骤

一些小型项目验收时验收步骤会精简，可以查阅相关的项目管理资料详细了解。

（2）项目验收清单

项目验收清单中需要说明项目的主要内容，验收涉及的软硬件、文档及培训等，还需要结论和客户建议，参考项目系统验收清单见表9-2-3。

表9-2-3　项目验收清单

项目名称	设计工作室云系统项目	
项目服务商	小小所在公司	
验收事项（包括硬件、软件、文档、培训等）		
编号	内容	验收意见及签字
1	服务器型号、配置	
2	操作系统版本、功能	
3	服务器运维面板功能	
4	云存储系统功能、性能	
5	实施过程文档（系统设计、系统实施、系统变更、会议纪要等）	
6	客户资料（用户手册、培训手册等）	
7	其他_____	
最终验收意见	⊙项目合格，验收通过　　　　　○项目不合格，验收不通过 ○项目验收通过，但有遗留问题：_____ 验收日期：	
签字	客户（甲方）负责人签字：　　　　客户领导签字：	
	项目经理（乙方）签字：　　　　　项目领导签字：	

2. 客户培训

客户培训能让客户更好地使用与维护系统，还能提升客户满意度，客户培训前需要编写用户手册方便客户随时查阅，随后制定培训计划，并对全员进行使用培训，对运行维护人员进行运维培训。

（1）编写用户手册

用户手册是用户文档中最重要的一部分，要详细描述系统的功能、性能和用户界面，使用户了解如何使用该系统的说明书。用户手册通常由引言、系统概述、运行环境、使用说明等组成。编写用户手册时应考虑以下几方面：

①用户角度尽量完善。用户手册内容应包括软件的所有功能模块。

②描述与软件实际功能的一致性。待用户手册基本完整后，还要注意用户手册与实际功能描述是否一致。要随着软件的升级及时更新。

③易理解。用户手册应该图文并举，易于理解,对关键、重要的操作附以图表说明。

④提供学习操作的实例。用户手册不仅要对主要功能和关键操作配以应用实例，并且对实例的描述应做到详细、充分，易于用户理解。

⑤印刷与包装质量。用户手册应提供商品化包装，并且印刷精美。

（2）制订培训计划

与客户进行充分沟通，确认培训的人员、时间、地点，形成书面形式的培训计划，还要根据现场情况进行适时调整。

（3）使用培训与运维培训

系统培训需要区分人群，通常的系统培训是面向全员，学会使用系统的日常功能、安全使用方式即可，还有面向管理人员、运行维护人员的专业培训，在系统管理、安全管理及规范制度方面进行培训。

3. 问题收集与解决

在实施过程及验收过程中，难免会遇到问题和需求变更，为了更好地解决问题，需要文字跟踪系统，记录发现问题、解决问题的过程，其中的核心文档就是问题跟踪表，见表9-2-4。

表 9-2-4 项目问题跟踪表

编号	问题描述	严重程度	负责人	提出时间	计划完成时间	实际解决时间	处理方法
1							
2							
3							

项目分享

方案 1：各工作团队展示交流项目，谈谈自己的心得体会，并选派代表分享交流。

方案 2：由学生代表与指导教师组成项目评审组，各工作团队制作汇报材料并进行答辩。

项目评价

请根据项目完成情况填涂表 9-2-5。

表 9-2-5　项目评价表

类　别	内　容	评　分
项目质量	1.各个任务的评价汇总 2.项目完成质量	☆☆☆
团队协作	1.团队分工、协作机制及合作效果 2.协作创新情况	☆☆☆
职业规范	1.项目管理、实施环境规范 2.项目实施过程、相关文档的规范	☆☆☆
建议		

注："★☆☆"表示一般，"★★☆"表示良好，"★★★"表示优秀。

项目总结

　　本项目来源于真实典型岗位工作，并将实施过程按照教学规律转化为项目学习内容，项目共分为设计系统、部署系统、项目交付 3 个任务，初步培养学生系统化、流程化、规范化的项目理念，并建立版权保护意识，养成数字化学习习惯。在设计系统任务中学习了根据客户需求进行软硬件选型、系统设计的方法；在部署系统任务中学会了安装操作系统、服务器运维面板、云存储系统以及系统调试方法；在项目交付任务中了解了项目验收、客户培训、问题收集与解决等相关内容，为以后的专业学习、实践打下良好的基础。

项目拓展　　　　　　　　　**小型在线商城搭建**

1. 项目背景

某中等职业学校要开设"个人网店"模块课程内容，急需搭建一个免费开源的在线商城供学生实训使用。

2. 预期目标

1）实训计算机中安装一套在线商城系统。

2）搭建在线商城方式方便、简单，最好是无代码安装。

3. 项目资讯

（1）服务器运维面板主要功能有_____

（2）服务器运维面板安装及步骤是_____

_____

（3）在线商城和淘宝网的区别是_____

_____

4. 项目计划

绘制项目计划思维导图。

5. 项目实施

任务 1：设计小型商城系统环境

（1）服务器面板调研

调研服务器运维面板及支持的操作系统，填写下表。

序　号	服务器运维面板名称	支持的操作系统
1	宝塔	
2	小皮面板	
3	云帮手	

（2）在线商城调研

调研宝塔服务面板中"软件商店"支持的商城系统及其主要功能，填写下表。

序　号	在线商城	主要功能
1	ecshop	
2	DBShop 商城系统	
3	CRMEB	

（3）系统设计

综合以上调研搭建系统设计为：Windows 2010+ 宝塔服务器面板 +ecshop。

任务 2：部署小型商城系统

小提示：如果实训条件有限，部分操作可在虚拟机中进行。

（1）部署服务器面板

1）下载安装宝塔服务器面板。做好过程记录，并将登录地址、账号、密码及完成情况截图。

2）安装支持套件。安装推荐的套件，做好过程记录，并将完成情况截图。

（2）部署在线商城

1）一键安装在线商城。在宝塔服务器面板中依次单击"软件商城"→"商城"选项，找到 ecshop 进行一键安装，在安装完成后记录登录地址、数据库账号资料，将步骤截图。

小提示：一键安装时，会要求输入域名，如图没有域名可以输入"127.0.0.1"。

2）配置在线商城。使用一键安装时配置的登录地址登录商城，按照提示完成系统安装。然后在注册官网账号后登录商城系统，将步骤截图。

小提示：安装时保证网络畅通。

任务 3：交付小型商城系统

（1）测试功能

参考安装好的 ecshop 在线商城的帮助说明，测试网店功能。

（2）制作用户使用说明书

参考帮助说明，制作用户使用说明书，并交给同学进行测试。

6. 项目总结（10 分）

（1）过程记录

记录项目实施过程中的各种情况，为工作总结提供依据，如表格不够，可自行加页。

序　号	内　容	思考及解决方法
1		
2		
3		

（2）工作总结

从整体工作情况、工作内容、反思与改进等几个方面进行总结。

7. 项目评价

内　容	要　求	评　分	教师评语
项目资讯（10 分）	回答清晰准确，紧扣主题，没有明显错误		
项目计划（10 分）	计划清楚，图表美观，能根据实际情况进行修改		
项目实施（60 分）	实施过程安全规范，能根据项目计划完成项目		
项目总结（10 分）	过程记录清晰，工作总结描述清楚		
态度素养（10 分）	按时出勤、积极主动、清洁清扫、安全规范		
合计	依据评分项要求评分合计		

项目 ③ **智慧农业物联网搭建**

项目背景

　　大棚温度高了会"提醒"，土壤湿度低了会"通知"，果蔬生产中缺养分会"说话"……物联网技术在农业生产领域的应用，正在改变中国农业的生产面貌。为积极支持国家乡村振兴政策，慧农公司拟在前期精准扶贫的基础上，将光明村1座人工蔬菜种植大棚改建为智慧物联网大棚。

项目分析

　　慧农公司为准确掌握农户需求，组建专门项目团队到光明村进行实地调研，并编制改造方案和实施计划，然后选用相关物联网设备，搭建智慧农业温控系统，最终实现大棚智能温控。项目结构如图9-3-1所示。

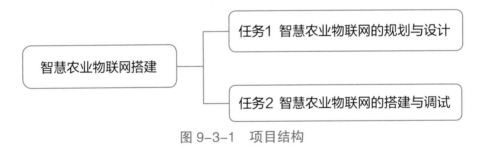

图 9-3-1　项目结构

学习目标

　　1.会根据客户需求编写智慧农业物联网大棚改造方案和实施计划。

　　2.能根据需求选用智慧农业物联网大棚相关设备。

　　3.能对智慧农业生产设备进行调试与使用。

智慧农业物联网的规划与设计

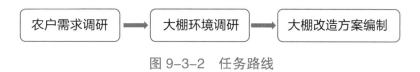

　　慧农公司组建光明村智慧大棚建设项目团队，需要到现场了解大棚基本情况、作物种植情况及农户具体需要，并编写智慧物联网大棚改造实施方案。

任务分析

　　要完成规划的设计，首先需要了解现有人工大棚的基本情况、客户的具体需求，根据客户需求结合公司产品，设计出符合客户需求的改造方案。任务路线如图 9-3-2 所示。

农户需求调研 ➡ 大棚环境调研 ➡ 大棚改造方案编制

图 9-3-2　任务路线

1. 智慧农业

智慧农业是物联网技术在现代农业生产中的典型运用。它是指通过部署在农业生产现场的各种传感器对作物生长温度、湿度、光照、CO_2 浓度及作用生长态势等信息的采集，经由无线信号收发模块传输数据，实现对农业生产环境的智能感知、智能预警、智能决策、智能分析和智能控制，为农业生产提供精准化种植、可视化管理、智能化决策，实现物业生产的集约化、智能化、高效性。

2. 智慧农业系统的组成

智慧农业系统从架构上来讲，一般由感知平台、信息传输平台、管理应用平台三大部分构成，其中感知平台主要包括各种传感设备和数据采集设备，信息传输平台主要包括有线、无线网络交换设备，管理应用平台主要包括对农业生产数据进行收集、分析、决策的信息化管理平台，如温控系统、监控系统、专家系统等，如图 9-3-3 所示。

3. 智慧农业常见硬件设备

智慧农业常见的硬件设备主要包括农业生产使用的各种传感器及网络传输设备等，传感器主要用于对农业生产环境的智能感知、智能监控。网络传输设备主要为数据交流提供通畅的传输链路，如图 9-3-4 所示。

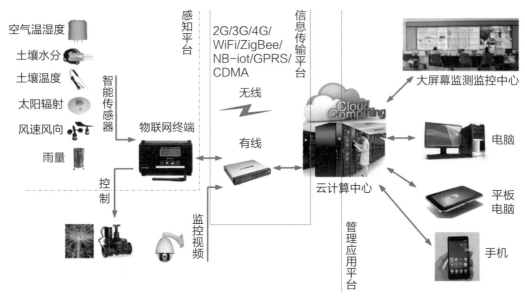

图 9-3-3　智慧农业系统的组成

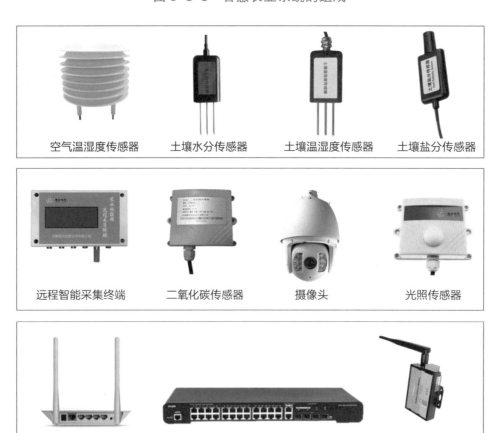

图 9-3-4　智慧农业常见硬件设备

4.智慧农业软件系统

智慧农业软件系统是指对农业传感器采集的数据进行实时监测、分析、处理，并将分析指令传输到各种控制设备，实现农业生产管理的自动、及时、高效处理的信息化管理平台。智慧农业软件系统通常包括环境监测系统、网络视频监控系统、综合服务平台及专家系统等。智慧农业管理系统界面如图 9-3-5 所示。

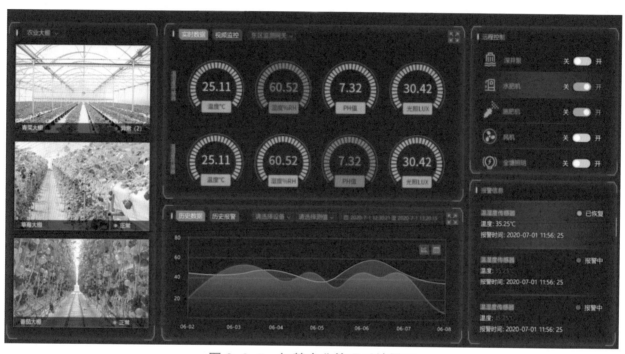

图 9-3-5　智慧农业管理系统界面

项目团队首先需要到光明村对改造大棚进行调研，调研主要分为两方面：一方面是了解大棚经营农户的生产需求；另一方面是掌握大棚现有种植及环境情况，在充分掌握上述情况后，编制大棚改造方案。

1.农户需求调研

农户需求调研是通过现场访谈形式了解农户大棚的经营管理现状、存在的急需解决的问题及改造后期望达到的目标，全面掌握农户需求。农户需求调研表如表 9-3-1 所示。

表 9-3-1　农户需求调研表

访谈对象	访谈内容	访谈记录	备注
	大棚现在主要种植的农作物是什么？		
	将来是否会种植其他作物？		

续表

访谈对象	访谈内容	访谈记录	备注
	大棚改造主要解决哪些问题？		
	大棚改造希望达到的目标是什么？		
	大棚改造目前主要的困难是什么？		
	大棚改造后种植面积是否发生变化？		
	大棚当前的种植人员有多少？		
	大棚改造建设周期期望值是多久？		
	……		

2. 大棚环境调研

大棚环境调研主要需掌握现有大棚的交通、面积、供水、供电、通风、遮阳、加湿、加温等设备的运行情况，为后续实施改造、规划编写提供依据。大棚环境调研表如表 9-3-2 所示。

表 9-3-2　大棚环境调研表

访谈对象	访谈内容	访谈记录	备注
	大棚种植面积有多大？		
	大棚是否可以供电？		
	大棚灌溉用水如何解决？		
	大棚主要监测设备有哪些？		
	大棚网络环境如何？		
	大棚交通情况如何？		
	温室内是否有空气温湿度、土壤温度、水分、光照、CO_2 等采集设备？		
	温室内是否有通风、遮阳、加湿、补光、喷灌等设备？		
	温室周边及内部是否有视频监控设备？		
	温室内是否有水肥一体化联动系统和大棚卷帘联动系统？		
	……		

3. 大棚改造方案编制

根据对农户需求调研和大棚环境调研，确定大棚首期改造项目为智能温控环境建设，实现大棚温度自动监测与调整的目标。

（1）大棚温湿度调控设计示意图

大棚温湿度调控设计示意图如图 9-3-6 所示。

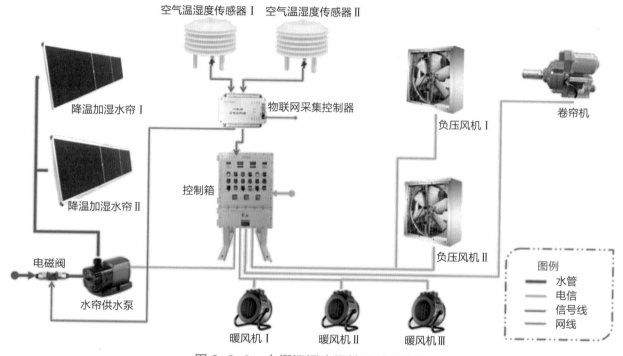

图 9-3-6　大棚温湿度调控设计示意图

（2）大棚温湿度调整设备选用清单

根据农户的需求，要实现大棚自动控温的目的，需要选购的设备如表 9-3-3 所示。

表 9-3-3　设备选用清单

设备名称	设备用途	设备数量
远程智能采集终端	这是一种数据采集设备，能够将各种传感器节点集合在一起	1
智能控制终端	其由测控模块、电磁阀、配电控制柜及安装附件组成，通过数据传输模块与管理监控中心连接	1
温湿度传感器	检测环境温湿度	2
负压风机	利用空气对流、负压换气进行降温	2
暖风机	产生热风，起到加温作用	3
控制箱及相关配件	辅助设备	1

WiFi全自动家用浇花系统的搭建规划与设计

小小家有一个 30 m² 的小花园，每次外出度假花园的管理都是一个大问题。小小想搭建一个简易的全自动浇花系统，实现远程定时定量浇水、雨天延时、信息推送等功能，实现花园管理的自动化。

任务提示：

1. 明确小小自动浇花系统搭建的需求。

2. 根据需求编制实施方案，查找相关设备。

任务 2　智慧农业物联网的搭建与调试

任务描述

根据智慧大棚改造设计方案，以大棚温度自动调控为主要实现目标，采购相关设备，完成智慧大棚改造，并进行设备安装调试。

任务分析

慧农公司光明村智慧大棚建设项目团队根据改造设计方案，采购相关设备，落实施工人员，确定施工方案，做好安装调试设备前的准备工作。任务路线如图 9-3-7 所示。

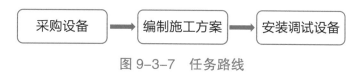

图 9-3-7　任务路线

任务准备

1. 大棚改造设备安装示意图

大棚改造设备安装示意如图 9-3-8 所示。

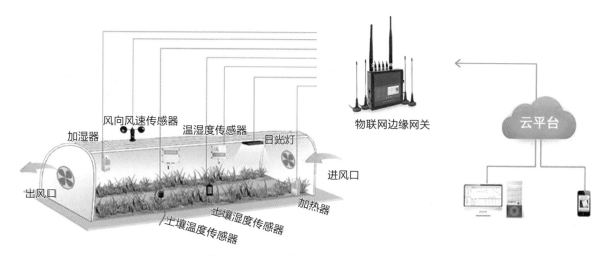

图 9-3-8　大棚改造设备安装示意

2. 温湿度传感器安装示意图

温湿度传感器安装示意如图 9-3-9 所示。

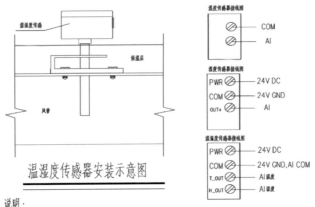

说明:
1. 风管式温湿度传感器用来测量新风、送风、回风温湿度。
2. 安装时，先在风管上按要求尺寸开孔，然后将传感器用螺钉通过固定夹板固定。
3. 管线敷设可选用金属电线管，并用金属软管与温度传感器连接。

图 9-3-9　温湿度传感器安装示意

3. 传感设备安装要求

①各传感器在安装时连接线需从下方支臂空隙插入支臂，再进入立杆和设备箱。

②传感器线从立杆外部走线时，需穿线管并用扎带固定在立杆上。注意不能裸露在外。

③传感器走线需整洁、规范、有序。同类线可用扎带捆扎，便于分辨线型及明确线路走向。

④网线接线处要装上防水接头，避免雨水进入，造成线路短路，设备损坏。

⑤注意传感器上的"北"标记，安装时需对准北方。

⑥用塞子塞住上管头多余的孔洞。

⑦在设备箱子出线口一定要垫黑色垫片，防止线路受损。

1. 采购设备

按方案设计中的表 9-3-3 设备选用清单进行设备采购，为大棚温度自动化调整改造做好物资准备。

2. 编制施工方案

①确定施工人员、施工日期。

②确定电网、设备等的施工点位。

③确定施工材料。

④确定施工技术标准及施工检查验收标准。

3. 安装调试设备

（1）确定设备位置

步骤 1：确定交换机位置、无线路由器等网络设备位置。

步骤 2：确定远程智能终端、温湿度传感器、负压风机安装位置、暖风机安装位置。

步骤 3：确定软件平台对接情况。

（2）安装传感设备

步骤 1：确定安装位置，按安装尺寸要求进行开孔。

步骤 2：选用金属电线管进行电线预埋。

步骤 3：先将固定片安装在传感器上，然后用方形抱箍固定在支架上，最后再整体固定在立杆上。

步骤 4：用金属软管和传感器连接。

步骤 5：对传感器进行数据测试，看数据是否正常。

（3）设备调试及效果图

步骤 1：智能采集终端通信方式的设置，如图 9-3-10 所示。

图 9-3-10 设置通信方式

软件默认为网口通信方式，若要从串口通信模式切换为网口通信模式，则需关闭串口，否则应打开串口。

步骤 2：搜索温度传感器设备，如图 9-3-11 所示。

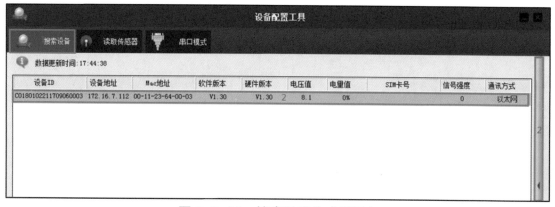

图 9-3-11 搜索温度传感器设备

步骤 3：配置设备参数，如图 9-3-12 所示。

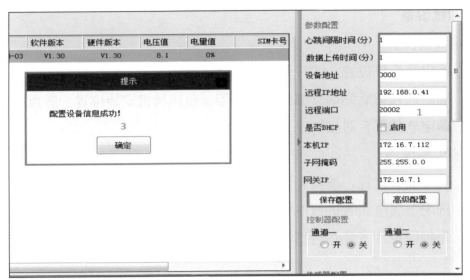

图 9-3-12　配置设备参数

WiFi全自动家用浇花系统的搭建与调试

选购一款满足用户需求的 WiFi 全自动家用浇花设备（如南水灌溉 NS-WF40），并进行搭建与调试，实现其用户需求。

任务提示：

1. 完成设备安装。

2. 完成手机端 APP 的安装。

3. 完成手机端的功能设置。

4. 查看设备工作状态。

项目分享

方案 1：各工作团队展示交流项目，谈谈自己的心得体会，并选派代表分享交流。

方案 2：由学生代表与指导教师组成项目评审组，各工作团队制作汇报材料并进行答辩。

项目评价

请根据项目完成情况填涂表 9-3-4。

表 9-3-4　项目评价表

类　别	内　容	评　分
项目质量	1. 各个任务的评价汇总 2. 项目完成质量	☆☆☆
团队协作	1. 团队分工、协作机制及合作效果 2. 协作创新情况	☆☆☆
职业规范	1. 项目管理、实施环境规范 2. 项目实施过程、相关文档的规范	☆☆☆
建议		

注："★☆☆"表示一般，"★★☆"表示良好，"★★★"表示优秀。

项目总结

本项目基于真实典型工作任务，并将项目实施过程转化为学习内容，项目共分为规划与设计智慧农业物联网的规划与设计、智慧农业物联网的搭建与调试两个任务。在智慧农业物联网的规划与设计任务中介绍了现场调研、需求分析、编制改造方案相关内容；在智慧农业物联网的搭建与调试任务中介绍了设备采购、施工方案编制及设备安装调试相关内容。

项目拓展　　　　　智慧灌溉系统搭建

1. 项目背景

光明村一座长 50 m、宽 20 m 的蔬菜大棚需要搭建智慧灌溉系统来实现水肥一体化自动管理，从而达到节水、节肥、提高作物品质与产量的目的。

2. 预期目标

学校社团指导老师希望能改造光明村一座蔬菜大棚传统的灌溉形式，搭建智慧灌溉平台，实现水肥一体化自动管理，具体要求如下。

1）水肥一体化灌溉系统能根据种植作物水肥需求规律，根据土壤环境数据分析，自动实现水肥一体化智能管理。

2）作物水肥需求参数可自行设置。

3. 项目资讯

1）智慧灌溉系统的子系统有＿＿＿＿＿＿＿＿＿＿＿＿＿＿＿＿＿＿＿＿＿＿＿＿＿

2）智慧灌溉系统示意图包括的内容有＿＿＿＿＿＿＿＿＿＿＿＿＿＿＿＿＿＿＿＿＿

＿＿＿＿＿＿＿＿＿＿＿＿＿＿＿＿＿＿＿＿＿＿＿＿＿＿＿＿＿＿＿＿＿＿＿＿＿＿＿

3）智慧灌溉系统常用的设备有＿＿＿＿＿＿＿＿＿＿＿＿＿＿＿＿＿＿＿＿＿＿＿＿＿

＿＿＿＿＿＿＿＿＿＿＿＿＿＿＿＿＿＿＿＿＿＿＿＿＿＿＿＿＿＿＿＿＿＿＿＿＿＿＿

4）智慧灌溉系统设备如何管理与调试？＿＿＿＿＿＿＿＿＿＿＿＿＿＿＿＿＿＿＿＿＿

＿＿＿＿＿＿＿＿＿＿＿＿＿＿＿＿＿＿＿＿＿＿＿＿＿＿＿＿＿＿＿＿＿＿＿＿＿＿＿

4. 项目计划

绘制项目计划思维导图。

5. 项目实施

任务 1：智慧灌溉系统的规划与设计

1）组建现场调研团队，明确工作职责及分工。

2）编制调研问卷，客户需求、大棚环境状况。

访谈对象	访谈内容	访谈记录	备注

3）分析用户需求。

4）编制智慧灌溉系统建设方案。

任务 2：智慧灌溉系统的搭建与调试

1）采购智慧灌溉系统设备。

2）编制项目实施方案。

3）进行设备安装与调试。

6. 项目总结

（1）过程记录

记录项目实施过程中的各种情况，为工作总结提供依据，如表格不够，可自行加页。

序　号	内　　容	思考及解决方法
1		
2		
3		

（2）工作总结

从整体工作情况、工作内容、反思与改进等几个方面进行总结。

7. 项目评价

内　容	要　求	评　分	教师评语
项目资讯（10分）	回答清晰准确，紧扣主题，没有明显错误		
项目计划（10分）	计划清楚，图表美观，能根据实际情况进行修改		
项目实施（60分）	实施过程安全规范，能根据项目计划完成项目		
项目总结（10分）	过程记录清晰，工作总结描述清楚		
态度素养（10分）	按时出勤、积极主动、清洁清扫、安全规范		
合计	依据评分项要求评分合计		

专题 **10** 信息安全保护

随着网络安全风险问题的日益突出，攻击行为也朝着复杂化、规模化、多样化演进。网络安全的建设至关重要，网络安全风险向实体经济渗透趋势更加明显，网络攻击、数据泄露、网络诈骗此起彼伏，全球网络空间安全形势严峻复杂，网络安全保障的基础性、关键性作用更加突出。没有网络安全就没有国家安全，就没有经济社会稳定运行，广大人民群众利益也难以得到保障。近年来，我国陆续颁布了大量针对网络安全的政策、法规，加大国家层面对网络安全领域的投入和管控，同时加大对技术专利、数字版权、数字内容产品及个人信息等的保护力度，维护广大人民群众利益、社会稳定、国家安全。

在此背景下，信息安全防护已经成为当代中职学生必备的基本技能，同时传达了两个信号：一方面是告诉企业，政府此次有决心也有能力推动我国网络安全产业的发展，改善现有网络环境，给企业的发展与稳定营造一个更加良好的沃土；另一方面自然也希望各企业能够紧跟政府的步伐做好自身的网络安全基础建设，从防护能力本身、人员安全意识、人员建设培养等方面进行全方位提升。

本专题设置三个实践项目：业务信息安全保护、应用系统信息安全保护和网络攻击安全防御。在教学实施时，可根据需要选择不同的项目进行技术实施。项目的内容要求描述如下：

1. 业务信息安全保护：了解评估个人信息安全的方法，会使用工具保护业务动态数据与静态数据安全。

2. 应用系统信息安全保护：了解设计企业安全防护方案的方法，能使用工具探测系统信息，并掌握加固应用系统的方法。

3. 网络攻击安全防御：能部署简单的渗透测试环境，能利用工具软件查看网络数据包，会配置防火墙功能，防御网络攻击。

项目 **1**　　　　**业务信息安全保护**

项目背景

　　小小利用暑假在一家网络安全公司顶岗实习，该公司对员工的个人信息和数据防护要求较高，刚进入公司的新员工培训就是个人信息安全保护。

项目分析

　　公司的新员工培训，首先了解保护个人信息的方法；然后掌握设置用户访问权限、数据加密及备份防护业务静态数据的方法；最后学会使用共享文件、网络传输文件等手段实现业务动态数据的保障。项目结构如图 10-1-1 所示。

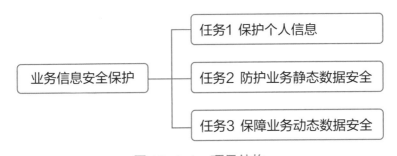

图 10-1-1　项目结构

学习目标

- 了解保护个人信息的方法。
- 掌握加密重要文件、修改文件类型和备份重要数据等方法防护业务静态数据安全。
- 会使用共享文件、网络传输文件等手段保障业务动态数据安全。

任务 ① **保护个人信息**

小小所在公司曾经因为员工个人信息的泄露，对公司业务造成了一些不好的影响，从那以后保护个人信息就成为新员工培训的第一课。

任务分析

保护个人信息，首先是养成良好的网络安全意识；然后通过如安全使用浏览器、修改APP 权限、妥善处理个人信息等技术手段进行相应的防护。任务路线如图 10-1-2 所示。

安全使用浏览器 ➡ 修改APP权限 ➡ 处理个人信息纸张

图 10-1-2　任务路线

任务实施

1. 安全使用浏览器

上网搜索通常会用到浏览器，这让浏览器成为被别有用心之人恶意攻击的载体，窃取浏览器中保存的缓存信息、篡改首页、种入木马等事件层出不穷。为了让浏览器得以安全使用，可以采用以下方式进行。

（1）设置可信的启动首页

很多浏览器都提供网址导航，还可以自定义主页，而最安全的做法是将浏览器启动时的网站设置为"打开新标签页"。单击 Microsoft Edge 浏览器菜单中的"设置"按钮，选择左侧"开设、主页和新建标签页"选项，最后设置启动时为"打开新标签页"，如图 10-1-3 所示。

图 10-1-3　设置浏览器启动首页

（2）定期清理浏览器缓存等信息

定期清理浏览器中本地缓存、历史记录以及临时文件内容，可以保证浏览器的安全，还可以提升计算机的运行速度。在 Microsoft Edge 浏览器的"设置"中选择"隐私、搜索和服务"选项，然后根据提示清除内容，如图 10-1-4 所示。

图 10-1-4　清理浏览器缓存

（3）开启网络防护功能

当前浏览器均带有移动的自我防护能力，同时开启计算机的防病毒软件扫描功能，对所有的下载资源及代码进行扫描，能进一步地提升安全。安装并运行 360 安全卫士，在"安全防护中心"中开启"入口防护体系"下的所有防护功能，如图 10-1-5 所示。

图 10-1-5　开启网络防护功能图

2. 修改 APP 权限

当前 APP 非法获取、超范围收集、过度索权等侵害个人信息的现象时有发生，可以通过修改 APP 权限的方法限制。在安卓设备上的"设置"菜单中单击"应用"按钮，然后在"权限管理"中选择"权限"选项，最后按需要设置 APP 的各种权限，如图 10-1-6 所示。

图 10-1-6　设置 APP 权限

3. 处理个人信息纸张

个人信息纸张被别有用心的人利用，会导致安全问题，如收到的快递、带有个人信息的纸张最好进行粉碎或销毁。另外，为保证身份证复印件用于合法的用途，一般会在复印件上盖章或写上文字。但要注意不能遮盖姓名、身份证号、头像等重要信息；不能盖在空白处，以防空白页盖章，再复印身份证事件的发生；保证盖章或文字清晰可辨，如图 10-1-7 所示。

盖章处理　　　　　　　　　　　手写文字处理

图 10-1-7　身份证安全处理

从 2014 年至今每年都举行"国家网络安全宣传周"活动，该活动旨在提升全民网络安全意识和技能，是国家网络安全工作的重要内容。访问最近一年的"国家网络安全宣传周"活动官方网站，了解网络安全相关知识，并在班上做交流。

任务 2   防护业务静态数据安全

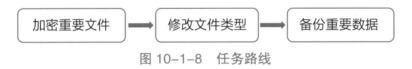

任务描述

业务静态数据是指存储在设备上的数据，为防止被盗用、破坏，需要采取必要的防护措施。

任务分析

防护业务静态数据安全，通常需要加密重要文件、修改文件类型和备份重要数据。任务路线如图 10-1-8 所示。

加密重要文件 → 修改文件类型 → 备份重要数据

图 10-1-8　任务路线

任务实施

1. 加密重要文件

（1）加密文档

在文字处理软件中，在文档"另存为"时，在"工具"中选择"常规选项"选项，然后设置打开文件及修改文件的密码。一旦设置成功，以后再打开该文档时，会提示输入密码，否则不能进行操作，如图 10-1-9 所示。

图 10-1-9　设置文档密码

（2）加密压缩文件

在使用压缩软件对文件进行压缩时，使用"添加密码"功能为压缩文件设置密码，以后再打开压缩文件时必须输入正确的密码，如图 10-1-10 所示。

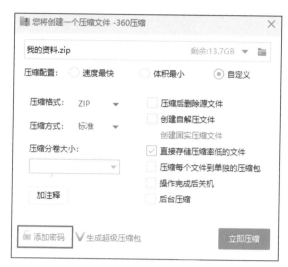
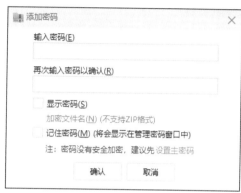

图 10-1-10　设置压缩文件密码

2. 修改文件类型

计算机是通过文件扩展名来区分文件类型的，因此可以通过"重命名"操作修改文件名以达到加密的效果，如图 10-1-11 所示。

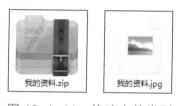

图 10-1-11　修改文件类型

3. 备份重要数据

为了防止重要数据丢失，应该将重要文件复制多份，分别存储在 U 盘、光盘、云盘等介质中，一旦有损坏，就可以在其他存储介质中重新找回。

任务 3　保障业务动态数据安全

业务动态数据，主要有内部共享的数据，以及传输给客户的数据，这些都需要进行安全防护。

任务分析

保障业务动态数据安全，通常内部的数据会通过文件共享出来，还有一些与客户交流的数据会使用网络传输。任务路线如图10-1-12所示。

图 10-1-12　任务路线

任务实施

1. 内部文件安全共享

内部文件通常使用共享文件夹的方式共享出来，通过创建专门的用户和组，并设置访问权限的方式实现安全共享。

（1）创建组和用户

步骤1：在任务栏搜索框中搜索关键字"计算机管理"并打开，在左边的菜单中右击"用户"图标，然后选择"新用户"选项，创建名为"xiaoxiao"的新用户，如图10-1-13所示。

图 10-1-13　创建新用户

步骤 2：同样的方法右击"组"图标，选择"新建组"选项，创建名为"Shared"的组，如图 10-1-14 所示。

图 10-1-14　新建组

步骤 3：在新建组左下角选择添加，然后依次单击"高级""立即查找"按钮，在搜索结果中选择用户"xiaoxiao"，将该用户加入"Shared"组中，如图 10-1-15 所示。

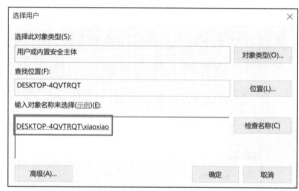

图 10-1-15　用户加入组

（2）为共享文件夹设置用户（或组）权限

步骤 1：参考专题 8 项目 1 中任务 3 应用网络中的共享文件相关内容，创建"共享文件夹"。

步骤 2：在被共享的文件夹的"高级共享"菜单中单击"权限"按钮，然后单击"添加"按钮，将"Shared"组加入共享权限，并按需要设置其权限，同时删除"Everyone"用户组，如图 10-1-16 所示。

图 10-1-16　设置权限

（3）检测访问权限

从同网络内的其他计算机上，输入设置共享文件夹的计算机的 IP 地址，输入 xiaoxiao 用户及密码，即可访问共享的文件夹，而其他没有账户的计算机则无法访问。

2. 文件传输安全

因为业务需要，公司内部的资料会分享给客户，为了保障资料能传递到指定客户手中，设定以下流程保障文件的传输安全。

（1）加密压缩文件

参考任务 2 使用压缩软件压缩文件并设置密码。

（2）上传网盘并设置密码共享

网盘品牌较多，这里采用百度网盘进行分享。

步骤 1：将资料上传到网盘。

步骤 2：右击文件夹，在弹出的快捷菜单中选择"分享"选项，然后选择分享的时间，最后生成分享链接及密码，如图 10-1-17 所示。

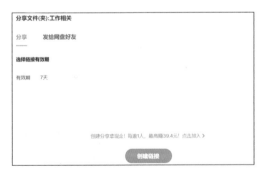

图 10-1-17　加密分享文件

（3）电话告知客户文件解压密码

将步骤 1 分享文件的链接和密码发给客户，在客户成功下载文件后，还需要解压密码才能查看，此时采用电话告知解压密码的方式，能很大程度地保障文件的安全。

项目分享

方案 1：各工作团队展示交流项目，谈谈自己的心得体会，并选派代表分享交流。

方案 2：由学生代表与指导教师组成项目评审组，各工作团队制作汇报材料并进行答辩。

项目评价

请根据项目完成情况填涂表 10-1-1。

表 10-1-1 项目评价表

类　别	内　容	评　分
项目质量	1.各个任务的评价汇总 2.项目完成质量	☆ ☆ ☆
团队协作	1.团队分工、协作机制及合作效果 2.协作创新情况	☆ ☆ ☆
职业规范	1.项目管理、实施环境规范 2.项目实施过程、相关文档的规范	☆ ☆ ☆
建议		

注："★☆☆"表示一般，"★★☆"表示良好，"★★★"表示优秀。

项目总结

本项目依据行动导向理念，将行业中的业务信息安全保护涉及的多个典型工作任务转化为项目学习内容，共分为保护个人信息、防护业务静态数据安全、保障业务动态数据安全 3 个任务。让学生学会保护个人信息方法的同时，培养良好的网络安全意识，同时学会保护业务静态数据及业务动态数据的简单方法。

项目 2　应用系统信息安全保护

项目背景

　　一家小型公司组建了网络，并启用了私有云存储等应用系统，为了保障信息安全，邀请小小所在公司对网络进行安全保护，小小所在的项目组承接了该项目。

项目分析

　　按照项目工作流程，首先要调研企业需求，根据需求设计信息业安全防护方案；然后对应用系统服务器进行探测，确定薄弱环节；最后采用技术手段加固系统。项目结构如图10-2-1所示。

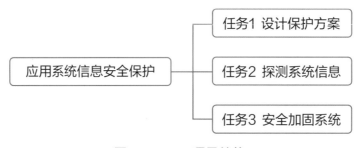

图 10-2-1　项目结构

学习目标

- 能根据需求完成企业安全保护方案的设计。
- 会利用工具探测系统信息并关闭非必要端口。
- 能使用账户策略、关闭非必要服务、映射端口等技术手段安全加固系统。

任务 1　　　　　　　　　设计保护方案

任务描述

在项目中，调研了解客户的真实需求，依此制订出满足客户需求的规划方案是项目工作的重中之重，本阶段需要反复确认与沟通。

任务分析

信息安全保护，首先要确认安全需求；然后有针对性地制订实施方案；最后为了保障实施方案的顺利完成，还需要完善信息安全管理制度。任务路线如图 10-2-2 所示。

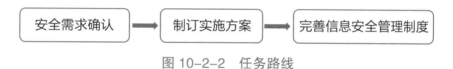

图 10-2-2　任务路线

1. 安全需求确认

（1）实地勘察

小小项目组到小型公司实地勘察，了解了网络设备、计算机、服务器等设备的部署情况，绘制了网络拓扑图，如图 10-2-3 所示。

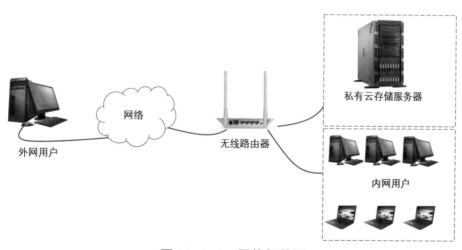

图 10-2-3　网络拓扑图

（2）需求确认

与公司沟通后，取得如下功能需求。

①外网用户、内网用户均能访问私有云存储服务器。

②保障私有云存储服务器的安全。

标准的网络安全需求调研，要求制作需求调研表，并进行实地访谈，从现行系统、现行需求、未来需求及约束条件等多方面进行了解，最后对结果进行专业分析后确定客户的真实需求，并获得预算情况。本项目中做了简化，有兴趣的同学可以查阅相关资料了解。

2. 制订实施方案

通常建议企事业单位进行等级保护，按照自主定级、自主保护的原则，通过定级、备案、安全建设和整改、信息安全等级测评、信息安全检查5个阶段构建立体的防护系统，这需要借助专业的公司来实现。而一些小型的企业因为成本原因，会首先满足功能，做一定的防护之后，随着企业的发展再不断提升防护等级。无论哪种情况，网络信息安全项目的实施方案都是需要最优先制订的，通过人防、物防、技防等多维度建立立体的防护体系，实现财产、数据、人身、物品设备的安全。

网络信息安全项目的实施方案，会根据公司的情况进行个性化定制，通常分为网络安全防护、服务器安全防护、网络与数据安全措施保障、规范管理等几方面。在本项目中，根据需求重点采用技术手段进行应用系统的防护，方案的主要防护技术手段如下：

①通过本地扫描、远程扫描的方式探测私有云存储服务器，确定薄弱点，然后关闭非必要的端口。

②采用设置账户策略、关闭非必要服务等技术手段加固私有云存储服务器。

③将私有云存储服务器端口映射到公网，让外网用户也能访问。

确定的方案效果拓扑图如图10-2-4所示。

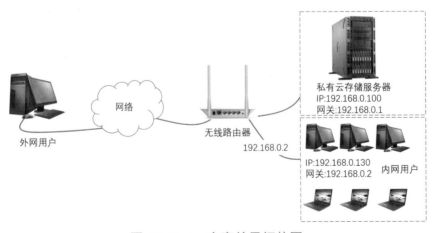

图 10-2-4   方案效果拓扑图

图 9-2-4 中的无线路由器，行业应用时应采用防火墙设备，有兴趣、有条件的同学可以自行探索。

拟定的设备配置情况如表 10-2-1 所示。

表 10-2-1　拟定的设备配置情况

设备名称	TCP/IP 配置	操作系统及应用软件情况
私有云存储服务器	IP：192.168.0.100 网关：192.168.0.1	Windows Server 2019、宝塔面板、可道云 私有云存储地址：192.168.0.100:8000
内网用户	IP：192.168.0.130 网关：192.168.0.2	Windows 10

3. 完善信息安全管理制度

因为该小型公司预算有限，不能购买防火墙、安全网关、入侵检测系统等安全硬件设备，为了在有限的技术条件下实现更大的安全防护，保障业务的正常运行，将原有的网络安全管理制度进行完善，完善后的网络安全管理制度分 3 层。

第一层为总则。顶层设计和规划等指导性制度。

第二层为具体的专项管理制度。具体的专项管理制度分为建设人员、运维人员和员工 3 个方面，例如《计算机安全管理责任人制度》《计算机机房安全管理制度》等。

第三层为操作手册和行为规范。在进行各种操作时需要遵守的东西，例如《信息发布、审核、登记制度》《信息监视、保存、清除和备份制度》《账号使用登记和操作权限管理制度》等。

在制定网络安全管理制度时应该查阅相关的法律法规，如《中华人民共和国网络安全法》《互联网信息服务管理办法》《互联网站从事登载新闻业务管理暂行规定》等，再结合前面制订的实施方案，逐步完善信息安全管理制度。不同类型的企事业单位侧重点不同，可以根据需要进行增减。

调查学校网络安全管理制度的相关类别和内容，划分小组做网络调研，了解相关法律法规，制定班级网络安全管理制度。

任务 2   探测系统信息

任务描述

信息安全保护方案设置好之后，需要进一步确定应用服务器、内网计算机等设备的安全状况。

任务分析

要确定和排查信息安全风险，通常需要进行渗透测试，本任务中简化流程，仅进行渗透测试中的信息收集，然后关闭非必要的端口。任务路线如图 10-2-5 所示。

图 10-2-5　任务路线

任务准备

1. 渗透测试

渗透测试是通过模拟恶意黑客攻击的方法，来评估计算机网络系统安全的一种评估方法。在渗透测试前应该认真阅读《中华人民共和国网络安全法》等相关法律法规，通常渗透测试的步骤有获得授权、明确目标、信息收集、漏洞探测、漏洞验证、信息分析、获取所需、信息整理、形成报告。

2. 信息收集

信息收集是渗透测试的初期环节，目的是充分了解被渗透对象的信息，它分为被动信息收集、主动信息收集和主动扫描。信息收集常用工具有 Nmap、Zenmap、X-scan、Nessus 流光等工具，其中 Zenmap 是 Nmap 的图形界面版本。

任务实施

1. 部署服务器环境

按照任务 1 中的表 10-2-1 拟定的设备情况安装内网用户计算机，并参考专题 8 项目

2 网络云应用系统搭建、部署私有云存储服务器。

2. 收集系统信息

（1）下载安装 Nmap

在内网用户计算机上，访问 Nmap 的官方网站，下载并安装 Windows 版本的安装包，如图 10-2-6 所示。

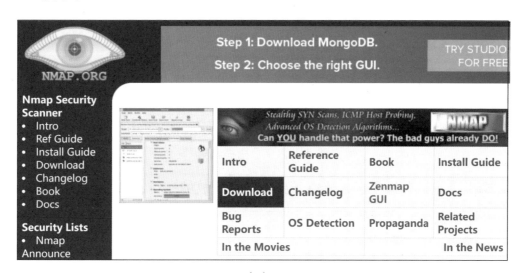

（a）

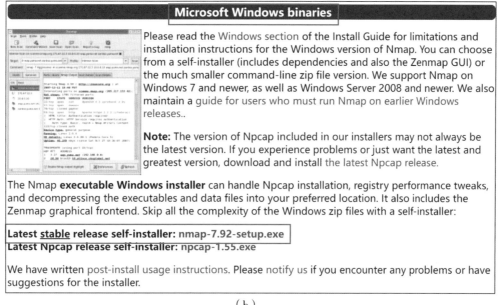

（b）

图 10-2-6　下载 Nmap

（a）访问 Zenmap 的官方网站；（b）下载并安装 Windows 版本的安装包

（2）扫描服务器

运行 Nmap 的图像界面版本，即 Zenmap，在目标中输入私有云存储服务的 IP 地址 192.168.0.100，然后单击扫描，稍后扫描结果如图 10-2-7 所示。

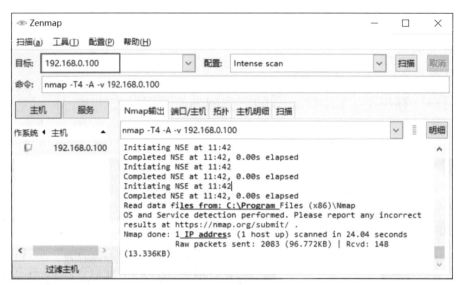

图 10-2-7　扫描结果

选择"端口 / 主机"选项卡，可以看到服务器开放的端口，如图 10-2-8 所示。

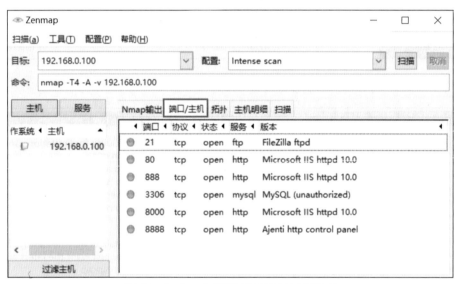

图 10-2-8　查看服务器开放的端口

3. 关闭非必要的端口

（1）分析开放端口

分析上一步扫描出的开放端口，其中 21、80、888 端口可以关闭，详细分析如表 10-2-2 所示。

表 10-2-2　开放端口分析

端口	作用	采取策略
21	FTP 服务	关闭
80	默认 Web 服务	关闭

续表

端口	作用	采取策略
888	Web 服务	关闭
3306	数据库	开放
8000	可道云存储	开放
8888	宝塔服务器面板	开放

（2）关闭端口

在私有云存储服务器上的任务栏搜索框中输入关键字"高级安全"，在搜索结果中打开"高级安全 Windows Defender 防火墙"对话框，如图 10-2-9 所示。

图 10-2-9　打开"高级安全 Windows Defender 防火墙"对话框

单击左边菜单中的"入站规则"图标，然后选择右边的"新建规则"选项，如图 10-2-10 所示。

图 10-2-10　新建入站规则

随后进入"新建入站规则向导"，依次在"规则类型"中选中"端口"单选按钮、"协议和端口"中选中"特定本地端口"单选按钮并设置为"21，80，888"、"操作"中选中"阻止连接"单选按钮，最后规则命名为"禁止 21,80,888 端口"，如图 10-2-11 所示。

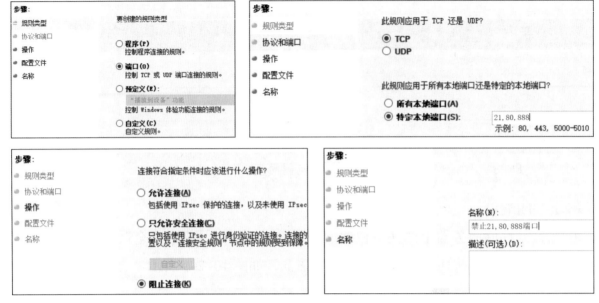

图 10-2-11   创建入站规则

最后在"出站规则"中用同样的方法禁止 21，80，888 端口。

（3）扫描服务器

在内网用户计算机上，先测试私有云存储服务器的功能，确认能正常使用后，再次使用 Zenmap 扫描私有云存储服务器，结果如图 10-2-12 所示，关闭端口成功。

图 10-2-12   关闭端口成功

1.想办法使用高级安全 Windows Defender 防火墙中的入站规则及出站规则，禁止 QQ 访问网络。

2.学习信息收集工具的相关知识，对网络内的其他计算机进行信息收集，理解端口与服务的对应关系，同时分析可能产生的网络信息安全风险，并在班上做交流。

任务 3　　　　　　　　**安全加固系统**

　　私有云存储系统关闭了非必要的端口，减少了网络信息安全风险，还需要进一步加固系统，并让外网用户能使用。

　　加固应用系统的方法很多，从技术面上主要应该设置账户策略，关闭非必要的协议及服务，最后根据需求将私有云存储服务器映射到外网。任务路线如图 10-2-13 所示。

图 10-2-13　任务路线

1. 安全加固

　　安全加固是指根据专业安全评估结果，制订相应的系统加固方案，通过打补丁、修改安全配置、增加安全机制等方法进行安全性加强。安全加固的对象有操作系统、网络设备、安全设备策略、网络架构、数据库、应用软件等。

2. 端口映射

　　端口映射可以将内网的地址翻译成外网地址，当内网的服务器需要对外网提供服务或接收数据时，都需要端口映射。外网通过访问这个翻译出来的外网地址再访问内网的服务器，能保障内网服务器的安全。

1. 设置账户策略

　　账户策略除了大家熟悉的设置安全密码、账户权限，还可以从定期清理账户、账户密码策略、账户登录策略 3 个方面进行安全加固。

（1）定期清理账户

在任务栏搜索框中输入关键字"计算机管理"，然后单击"本地用户和组"中的"用户"图标，右击选择 Guest 及其他可疑账户，并右击在弹出的快捷菜单中选择"属性"选项，最后选中"账户已禁用"复选框，通常建议先禁用 3 个月，确认不会影响业务之后直接删除，如图 10-2-14 所示。

图 10-2-14   禁用账户

（2）账户密码策略

在任务栏搜索框中输入关键字"本地安全策略"，在"密码策略"中设置"密码长度最小值""密码最短使用期限"等安全设置，如图 10-2-15 所示。

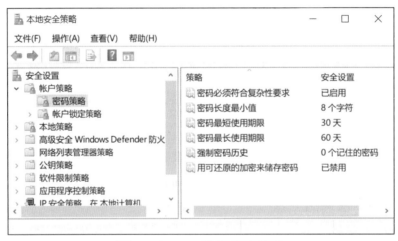

图 10-2-15   设置密码策略

（3）账户登录策略

在"本地安全策略"对话框中的"账户锁定策略"中设置"账户锁定阈值"等安全设置，如图 10-2-16 所示。

图 10-2-16　设置账户锁定策略

2. 关闭非必要的协议及服务

系统默认开启了很多服务及协议，同时会开启对应的端口，这些都会成为被攻击目标，非必要的服务及协议应该关闭。

（1）关闭协议

禁用 TCP/IP 上的 NetBIOS 协议，可以关闭监听的 UDP 137、UDP 138 以及 TCP 139 端口。双击"Internet 协议版本 4（TCP/IPv4）"，然后选择"高级"选项卡，最后在"WINS"卡式菜单中进行如图 10-2-17 所示的设置。

（2）关闭服务

在任务栏搜索框中输入关键字"服务"，在服务列表中右击"TCP/IP NetBIOS Helper"服务，在弹出的快捷中选择"停止"选项，如图 10-2-18 所示。

图 10-2-17　禁用 NetBIOS 协议

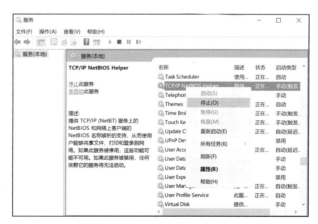

图 10-2-18　关闭服务

其他还可以禁用的服务建议如表 10-2-3 所示。

表 10-2-3   可禁用的服务建议

服务名称	建议
DHCP Client	如果不使用动态 IP 地址，就禁用该服务
Background Intelligent Transfer Service	如果不启用自动更新，就禁用该服务
Computer Browser	禁用
Print Spooler	如果不需要打印，就禁用该服务
Remote Registry	禁用，主要用于远程管理注册表
Server	如果不使用文件共享，就禁用该服务

3. 映射端口

在主流的路由器、防火墙上均具有端口映射的功能，各个品牌的操作界面不同，但功能类似。登录无线路由器，在"高级"选项卡中找到"端口映射"，这里将私有云存储服务器的访问端口 8000，映射为外网的 8001 端口，如图 10-2-19 所示。

图 10-2-19   设置路由器端口映射

学习安全加固相关技术，尝试从账户策略、文件权限、安全选项等多方面对自己的计算机进行安全加固，最后整理一套个人计算机安全加固策略，到班上进行分享。

项目分享

方案 1：各工作团队展示交流项目，谈谈自己的心得体会，并选派代表分享交流。

方案 2：由学生代表与指导教师组成项目评审组，各工作团队制作汇报材料并进行答辩。

项目评价

请根据项目完成情况填涂表 10-2-4。

表 10-2-4　项目评价表

类　别	内　容	评　分
项目质量	1. 各个任务的评价汇总 2. 项目完成质量	☆ ☆ ☆
团队协作	1. 团队分工、协作机制及合作效果 2. 协作创新情况	☆ ☆ ☆
职业规范	1. 项目管理、实施环境规范 2. 项目实施过程、相关文档的规范	☆ ☆ ☆
建议		

注："★☆☆"表示一般，"★★☆"表示良好，"★★★"表示优秀。

项目总结

本项目依据行动导向理念，将行业中的应用系统信息安全保护的典型工作过程转化为项目学习内容，共分为设计保护方案、探测系统信息、安全加固系统 3 个任务。让学生了解网络信息系统安全保护的流程，认识行业中的渗透测试、安全加固等相关技术及方法，为以后的专业学习打下基础，同时培养网络信息安全意识。

项目 ③ 网络攻击安全防御

项目背景

自强设计公司是一家中小型企业，前段时间内部受到 ARP 攻击，为了避免以后再受攻击，找到小小顶岗实习所在网络安全公司寻求帮助。

项目分析

网络受到攻击，应该查看攻击发生的原因，在经过授权后，可采用渗透测试的方法模拟攻击，然后有针对性地进行防御，另外为了避免类似的攻击发生，最好配置防火墙进行防御。项目结构如图 10-3-1 所示。

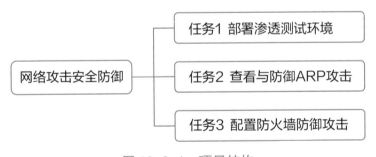

图 10-3-1　项目结构

学习目标

- 能部署简单的渗透测试环境。
- 能利用工具软件捕获、查看网络数据包，并且有针对性地防御 ARP 攻击。
- 会配置上网认证、网页过滤、攻击防护等防火墙功能，防御网络攻击。

小小公司获得自强设计公司的授权，在公司内部搭建简单的渗透测试环境。

为了让项目顺利进行，通过调研后设计实施方案，并规划出网络拓扑，然后部署必要的渗透测试工具。任务路线如图 10-3-2 所示。

图 10-3-2　任务路线

1. 数字取证操作系统

数字取证操作系统是集成了数字取证工具的一种操作系统，常见的有 Kali Linux、ArchStrike、BlackArch Linux 等（图 10-3-3），其中 Kali Linux 是基于 Debian 的 Linux 发行版，简称 Kali，预装了许多渗透测试工具，包括 Nmap、Wireshark、John the Ripper 等。

图 10-3-3　常见数字取证操作系统

2. 数据包分析软件

数据包分析软件是指对网络上的流量数据进行截获、分析的软件，常见于网络安全领域使用，也有用于业务分析领域，常用的有 Wireshark、Packet Sniffer、Omnipeek 等，如图 10-3-4 所示。

图 10-3-4　常用的数据包分析软件

1. 规划网络拓扑

分析自强设计公司网络情况之后，可部署一台渗透测试机。在 Windows 10 操作系统上安装 VMware Workstation 虚拟化软件，然后再部署 Kali。使用内网的一台安装了 Windows 10 操作系统的计算机作为被测试机，规划的网络拓扑如图 10-3-5 所示。

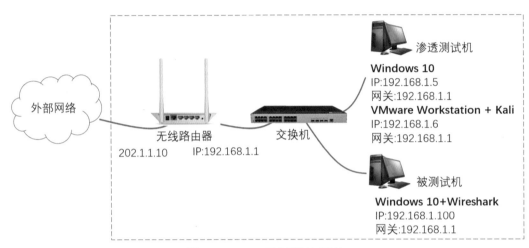

图 10-3-5   规划网络拓扑

2. 部署渗透测试工具

在渗透测试机上按照规划网络拓扑图配置 IP 地址，并部署渗透测试工具 Kali。

（1）安装虚拟机

从官网下载 VMware Workstation 虚拟化软件，然后安装并运行。

（2）安装 Kali

步骤 1：从 Kali 官网下载 64 位安装映像包，如图 10-3-6 所示。

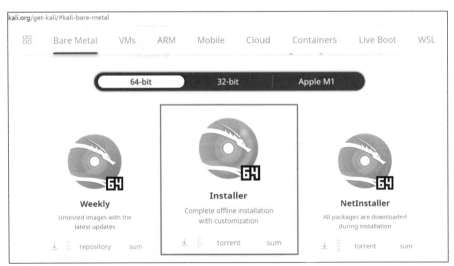

图 10-3-6   下载安装映像包

步骤 2：在 VMware Workstation 中创建虚拟机，选择"典型（推荐）"安装方式，然后选择"安装程序光盘映像文件（iso）"装入 Kali 映像，如图 10-3-7 所示。

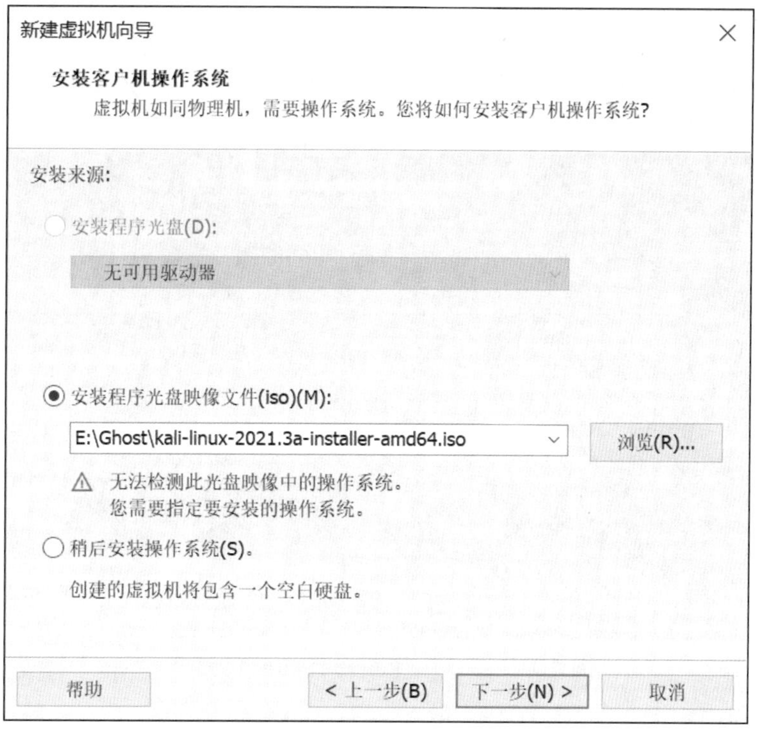

图 10-3-7　装入安装映像

步骤 3：选择客户操作系统为 Linux，版本选择"Debian 8.x 64 位"或以上的版本，如图 10-3-8 所示，依据提示修改虚拟机名字、硬件配置等。

图 10-3-8　选择操作系统版本

步骤 4：开启虚拟机，开始安装 Kali 操作系统，在安装方式中选择 "Graphical install"，即图形界面方式，如图 10-3-9 所示。

图 10-3-9   选择图形界面安装方式

步骤 5：按照提示设置语言为 "中文（简体）"，然后设置主机名、新用户名及密码，之后按照默认选项安装，在遇到磁盘分区对话框，提示 "将改动写入磁盘吗？" 时，选择 "是"，如图 10-3-10 所示。

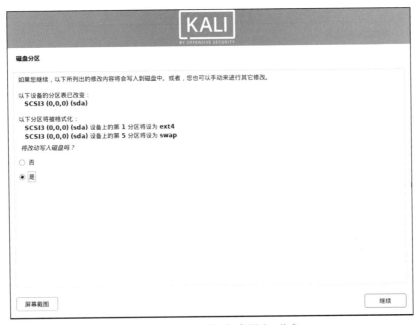

图 10-3-10   将改动写入磁盘

步骤 6：重启之后，用设置的账号、密码登录系统，右键单击屏幕右上角网络，根据规划的网络拓扑配置 IP 地址，配置方式如图 10-3-11 所示。

图 10-3-11　设置 IP 地址

3. 安装数据包分析软件

在被测试机上按照规划网络拓扑图配置 IP 地址，并安装数据包分析软件 Wireshark。访问 Wireshark 官方网站，下载 Windows 64 位版本的安装包，如图 10-3-12 所示。运行安装程序，按照提示依次安装。

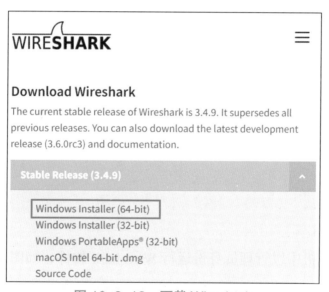

图 10-3-12　下载 Wireshark

访问 Kali 官网，下载虚拟机专用的安装包，导入到 VMware Workstation 并且运行，同时进行网络调研，进一步了解数字取证操作系统。

任务 2　　查看与防御 ARP 攻击

任务描述

　　通过任务 1 完成了渗透测试环境的部署，接下来需要还原自强设计公司以前内部网络被 ARP 攻击的场景，查看与防御 ARP 工具。

任务分析

　　ARP 攻击主要存在于局域网网络中，被攻击时会造成上网时断时续、拷贝文件无法完成、局域网内的 ARP 包激增、出现不正常的 MAC 地址等情况。本任务通过数据包分析软件 Wireshark，捕获、查看、分析数据包，然后使用技术手段防御 ARP 攻击，任务路线如图 10-3-13 所示。

图 10-3-13　任务路线

任务实施

1. 查看网络数据包

（1）运行 Wireshark

步骤 1：在被测试机中以管理员身份运行 Wireshark 软件，如图 10-3-14 所示。

图 10-3-14　以管理员身份运行

步骤 2：选择需要捕获数据的网卡，然后单击左上角的"开始捕获分组"按钮 █ 开始捕获，如果要停止则单击"停止捕获分组"按钮 ■，如图 10-3-15 所示。

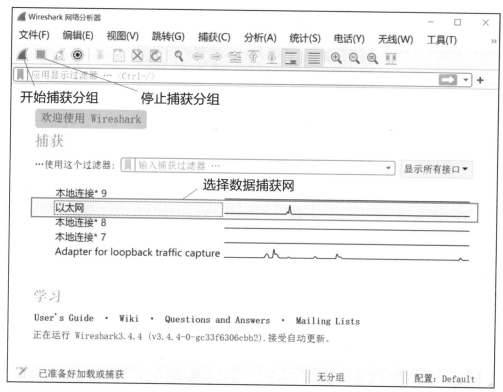

图 10-3-15 启动捕获

步骤 3：在测试机中以管理员身份打开命令窗口，测试与百度网站的连通性，测试显示网络能正常通信，如图 10-3-16 所示。

图 10-3-16 网络能正常通信

（2）发起 ARP 模拟攻击

步骤 1：在 Kali 桌面上打开右键快捷菜单，单击"在这里打开终端"命令，如图 10-3-17 所示。

图 10-3-17　在这里打开终端

步骤 2：在终端窗口中输入模拟 ARP 攻击命令"arpspoof –i eth0 –t 192.168.1.100 192.168.1.1"，其中"192.168.1.100"是被测试机 IP 地址，"192.168.1.1"是网关地址。如图 10-3-18 所示。

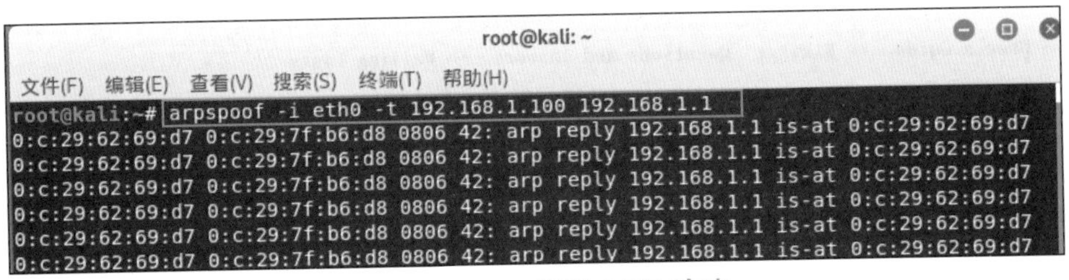

图 10-3-18　模拟 ARP 攻击

步骤 3：回到被测试机，以管理员身份打开命令窗口，测试与百度网站的连通性，测试网络连接异常，如图 10-3-19 所示，模拟攻击成功。

图 10-3-19　被攻击网络连接异常

（3）查看数据包

被测试机的 Wireshark 中停止分组捕获，在"应用显示过滤器"中使用关键字"arp"进行筛选，选出所有 ARP 数据包，如图 10-3-20 所示。

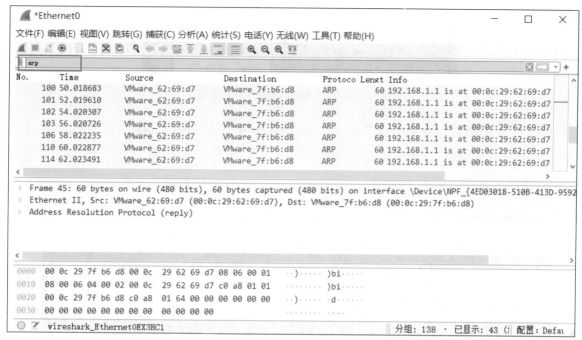

图 10-3-20 查看 ARP 数据包

（4）停止模拟攻击

在渗透测试机 Kali 中按"Ctrl+C"组合键，停止模拟攻击，回到被测试机，再次测试网络连通性，网络可以正常通信，如图 10-3-16 所示。

2. 防御 ARP 攻击

为了防止 ARP 攻击实施"网关"欺骗，在网络内部冒充网关的情况发生，可以在计算机中把网关的 IP 和 MAC 地址绑定，写入 ARP 缓存表中。

（1）查看 ARP 地址表

步骤 1：在被测试机上，以管理员身份打开命令窗口，使用命令"arp -a"，查看 ARP 详细情况，找到接口对应的"idx"号为"4"，此时 IP 地址与 MAC 地址类型为"动态"，如图 10-3-21 所示。

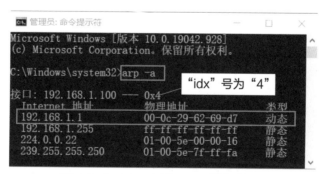

图 10-3-21 查看 ARP 详细情况

步骤 2：使用命令"netsh -c "i i" delete neighbors 4"，解除所有 IP 地址与 MAC 地址绑定，如图 10-3-22 所示。

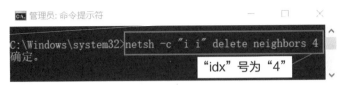

图 10-3-22　解除所有 ARP 绑定

步骤 3： 使用命令"netsh –c "i i" add neighbors 4 192.168.1.1 00–0c–29–62–69–d7"绑定网关的 IP 地址和 MAC 地址，再次使用"arp –a"查看详细信息，此时类型为"静态"，证明绑定成功，如图 10-3-23 所示。

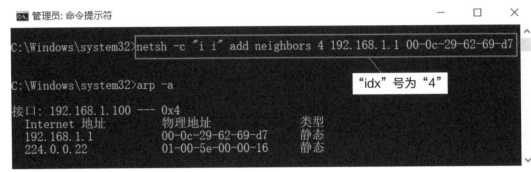

图 10-3-23　绑定网关 IP 地址和 MAC 地址

步骤 4： 用 Kali 再次发起模拟 ARP 攻击，如果被测试机一直处于网络连通状态，证明 ARP 攻击防御成功。

360 安全卫士、腾讯电脑管家等工具有防止 ARP 攻击的功能，使用 Kali 模拟攻击被测试机，然后在被测试机上分别开启和关闭 360 安全卫士的 ARP 攻击功能，并使用 Wireshark 捕获全过程，最后对捕获的数据进行分析，了解攻击前后数据包的变化。

任务 **3**　　　　**配置防火墙防御攻击**

任务描述

　　通过前面的模拟渗透攻击，自强设计公司发现自己的网络确实很脆弱，为了预防来自外网的攻击，需要小小提供解决方案。

任务分析

　　防御来自外网的攻击，比较好的方式是使用硬件防火墙。本任务采用硬件防火墙，完善自强设计公司的网络防御体系，然后在防火墙上配置了上网认证、网页过滤和开启攻击防护等功能。任务路线如图 10-3-24 所示。

图 10-3-24　任务路线

任务实施

1. 部署硬件防火墙

　　经自强设计公司同意后，采购了硬件防火墙，部署到公司网络中，用于代替原有的无线路由器，被替换下来的无线路由器只提供无线上网功能，作为有线网络的补充，部署硬件防火墙之后的网络拓扑如图 10-3-25 所示。

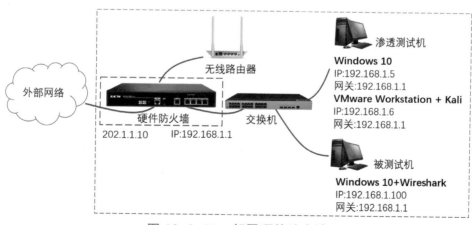

图 10-3-25　部署硬件防火墙

2. 配置硬件防火墙

项目组先按照硬件防火墙使用说明书实现全网的互联互通，在硬件防火墙上配置了上网认证、网页过滤和开启攻击防护 3 种功能。

（1）上网认证

步骤 1：创建用户。使用浏览器访问防火墙登录地址，输入管理员账号、密码登录防火墙，然后选择"对象用户"下拉按钮中的"本地用户"命令，最后根据提示创建账号与默认密码，如图 10-3-26 所示。

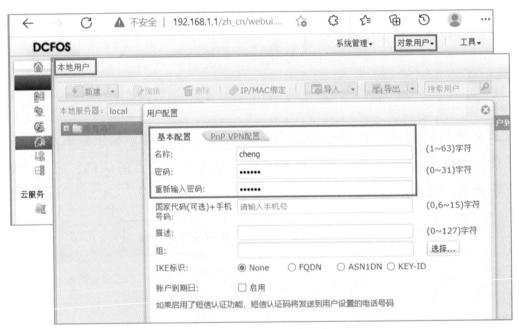

图 10-3-26　创建用户

步骤 2：在左边菜单中选择"配置"中的"用户识别"选项，在"Web 认证参数配置"面板中选择"HTTPS"认证方式，如图 10-3-27 所示。今后内网用户访问外网都会弹出认证页面，需要输入账号和密码才能访问外网。

图 10-3-27　开启认证

（2）网页过滤

步骤 1：打开左边菜单"控制"选项中的"URL 过滤"面板，然后在对话框中单击"新建"按钮，打开网页过滤功能，如图 10-3-28 所示。

图 10-3-28　打开网页过滤功能

步骤 2：在新打开的窗口中创建名字为"禁止危险网站"的 URL 过滤规则，目的安全域为"trust"，URL 类别中将"阻止访问"与"记录日志"均勾选，如图 10-3-29 所示。

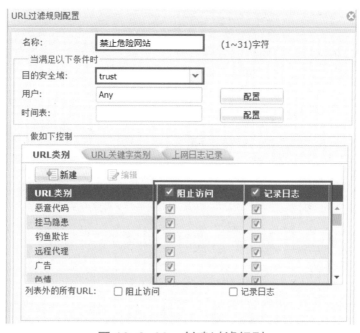

图 10-3-29　创建过滤规则

（3）开启攻击防护

在左边菜单中选择"安全"中的"攻击防护"选项，然后将安全域设置为"trust"，勾选"全部启用"，如图 10-3-30 所示。

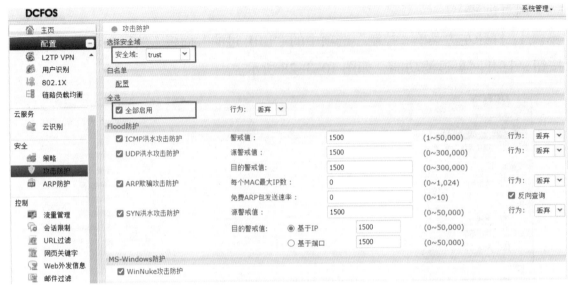

图 10-3-30　开启攻击防护

　　请查阅相关资料了解防火墙的流量控制、访问控制、VPN 等功能，分小组聊聊身边的网络用了哪些安全功能。

项目分享

方案 1：各工作团队展示交流项目，谈谈自己的心得体会，并选派代表分享交流。

方案 2：由学生代表与指导教师组成项目评审组，各工作团队制作汇报材料并进行答辩。

项目评价

请根据项目完成情况填涂表 10-3-1。

表 10-3-1　项目评价表

类　别	内　容	评　分
项目质量	1. 各个任务的评价汇总 2. 项目完成质量	☆ ☆ ☆
团队协作	1. 团队分工、协作机制及合作效果 2. 协作创新情况	☆ ☆ ☆
职业规范	1. 项目管理、实施环境规范 2. 项目实施过程、相关文档的规范	☆ ☆ ☆
建议		

注："★☆☆"表示一般，"★★☆"表示良好，"★★★"表示优秀。

项目总结

本项目依据行动导向理念，将行业中的网络攻击安全防御的典型工作过程转化为项目学习内容，共分为部署渗透测试环境、查看与防御 ARP 攻击、配置防火墙防御攻击 3 个任务。让学生了解简单渗透测试的流程及常用渗透测试软件，学会数据包分析软件的简单使用方法，掌握防御 ARP 攻击的方法，体验硬件防火墙的部署和简单配置，为以后专业学习打下基础，同时培养网络信息安全意识。

项目拓展 **富强公司信息安全保护**

1. 项目背景

富强公司是一家从事建筑设计的公司，公司内的台式计算机使用有线网络上网，移动设备使用无线路由器上网，并在内网部署了云存储服务器和 Web 服务器等应用系统。公司的现有网络拓扑如下图所示。

公司网络拓扑图

2. 预期目标

富强公司希望能将公司业务信息、应用系统安全保护起来，并做一定的网络攻击安全防御。具体要求如下：

1）从制度、硬件设备、技术培训等方面设计公司的网络信息安全保护方案。

2）从个人、业务静态数据及业务动态数据等方面进行业务信息安全保护。

3）对私有云存储服务器、Web 服务器等应用系统进行信息收集并加固。

4）做简单的渗透测试，让公司的网络能应对常规的网络攻击。

3. 项目资讯

（1）设计网络信息安全保护方案应该体现内容包括＿＿＿＿＿＿＿＿＿＿＿＿＿＿

＿＿＿＿＿＿＿＿＿＿＿＿＿＿＿＿＿＿＿＿＿＿＿＿＿＿＿＿＿＿＿＿＿＿＿＿

（2）探测、收集、捕获网络信息的工具有＿＿＿＿＿＿＿＿＿＿＿＿＿＿＿＿＿

＿＿＿＿＿＿＿＿＿＿＿＿＿＿＿＿＿＿＿＿＿＿＿＿＿＿＿＿＿＿＿＿＿＿＿＿

（3）通常渗透测试分哪几个步骤，有哪些需要注意的？

_____

_____

_____

4. 项目计划

绘制项目计划思维导图。

5. 项目实施

根据实训条件、人员分工等情况参考项目计划实施。

任务 1：信息安全防护方案设计

1）制定相关制度。查找资料，结合实际情况制定，以文档形式提交。

2）规划网络拓扑图。根据实际情况选择设备，标注出设备名称、端口号等信息。

3）列出设备清单、功能及 IP 配置。根据上一步的网络拓扑图完成，如表格不够，可自行加页。

设备名称	功能及 IP 配置	设备名称	功能及 IP 配置

任务 2：业务信息安全防护

1）保护个人信息，将配置过程截图。

2）加密及备份重要文件，将配置过程截图。

3）设置账户策略保障动态数据安全，将配置结果截图。

任务 3：应用系统信息安全保护

1）部署应用系统环境，将配置结果截图。

2）探测系统信息，将探测获得的信息信息截图。

3）使用账户策略、关闭协议及端口、映射端口等方法加固系统，将配置过程截图。

任务 4：网络攻击安全防御

1）部署渗透测试环境，将部署结果截图。

2）捕获、查看、分析数据包，将关键数据截图。

3）配置硬件防火墙，将配置过程截图。

6. 项目总结

（1）过程记录

记录项目实施过程中的各种情况，为工作总结提供依据，如表格不够，可自行加页。

序　号	内　容	思考及解决方法
1		
2		
3		

（2）工作总结

从整体工作情况、工作内容、反思与改进等几个方面进行总结。

7. 项目评价

内　容	要　求	评　分	教师评语
项目资讯（10分）	回答清晰准确，紧扣主题，没有明显错误		
项目计划（10分）	计划清楚，图表美观，能根据实际情况进行修改		
项目实施（60分）	实施过程安全规范，能根据项目计划完成项目		
项目总结（10分）	过程记录清晰，工作总结描述清楚		
态度素养（10分）	按时出勤、积极主动、清洁清扫、安全规范		
合计	依据评分项要求评分合计		